Camuti · Alle meine Patienten sind unterm Bett.

Alle meine Patienten sind unterm Bett.

Erinnerungen des Katzendoktors
Dr. Louis J. Camuti
unter Mitarbeit
von Marilyn und Haskel Frankel

Blanvalet

Die Originalausgabe erschien unter dem Titel
»All my patients are under the bed«
bei Simon and Schuster, New York

Aus dem Amerikanischen übersetzt von
Claudia Mertz-Rychner

Gesamtherstellung Mohndruck Graphische Betriebe GmbH,
Gütersloh
ISBN 3-7645-3185-1 · Printed in Germany

Für meine Frau Alexandra,
meine Tochter Nina,
meine Nichte Dorothy,
meine Schwiegertochter Grace.
Und zum Gedenken
meines Sohnes Louis J.,
der in ewigem Frieden ruht.

Meinen Dank

an Phyllis Levy und Joni Evans,
die bei diesem Buch Pate standen;
ihr Rat und ihre Hilfe
haben mir die Arbeit erleichtert –

an Marilyn und Hank Frankel,
die viele Monate mir klaglos
zuhörten und meine Geschichten
getreu aufzeichneten –

an Carl Brandt, den unermüdlichen
Ansporner.

Inhalt

Vorwort

Ich weiß nicht, ob Hundefreunde andere Hundefreunde kennen oder Vogelbesitzer mit anderen Vogelbesitzern schwatzen, aber Katzenliebhaber spüren einander auf, und obwohl wir nie ein Wort darüber verlieren, wir verachten alle Leute, die zu Katzen keine Beziehung finden oder ohne sie auskommen. Wir fühlen uns überlegen, weil eine Katze sich bereit gefunden hat, mit uns zu leben. Eine solche Auszeichnung bleibt einem Hundeanhänger versagt.

Die Liebe eines Hundes ist bequem, treu und unveränderlich. Das Tier sucht unsere Nähe und hüpft empor oder leckt die Hand, sobald Herrchen es wünscht. Das mag auf Hundefreunde Eindruck machen, Katzenfreunde können daran nichts finden – diese Liebe ist ihnen zu wohlfeil.

Wenn eine Katze dazu aufgelegt ist, fährt sie schon auch mit ihrer rauhen Zunge über unseren Arm oder springt uns auf den Schoß, um sich dort niederzulassen. Aber diese kleinen Wunder werden nicht durch das Fingerschnippen oder den Pfiff eines Menschen ausgelöst, denn Katzen betrachten die Menschen als untergeordnete Knechte, die in Schranken zu weisen sind und bei Wohlverhalten gelegentlich belohnt werden. Die Liebe einer Katze ist darum etwas ganz Besonderes, ein Geschenk, das uns nicht einfach zufällt.

Das unsichtbare Band, das Katzenbesitzer miteinander verbindet, erklärt die merkwürdigsten Vorgänge in einer Stadt. So mag sich wie mit Buschtrommeln die Nachricht verbreiten, Katzenstreu werde zu herabgesetztem Preis verkauft, und ohne sichtbare Kommunikation beginnt der Sturm auf den Supermarkt, wo sich die Regale mit Dosenfutter bei Sonderaktionen »3 Stück für 1 Dollar« blitzschnell leeren. Darum verfielen Marilyn – meine Frau – und ich sozusagen automatisch auf Dr. Louis J. Camuti, als unser Kater Balaban erkrankte, obwohl wir bislang in New York nie einen Tierarzt gebraucht hatten. Unsere »Buben« (Balaban besitzt einen Bruder, Eartha Katz) erhielten die notwendigen Spritzen oder Behandlungen jeweils samstags in Connecticut. Doch an einem Montagmorgen verkroch sich Balaban unter dem Bett mit einem Triefauge, aus dem sich eine milchige Flüssigkeit absonderte.

In New York war der einzige mir dem Namen nach bekannte Tierarzt dieser Dr. Camuti. Ich blätterte also im Telefonbuch bis C, fand die Nummer und hinterließ auf dem angeschlossenen Band Namen und Adresse. »Dr. Camuti ruft zurück«, versicherte eine Stimme, dann wurde mit einem Klick abgeschaltet.

Den Rest des Morgens verbrachte ich auf dem Sofa sitzend, vor mir eine Tasse kalten Kaffees. Ich beobachtete Balaban, der sich – ein schwarz-weißer Schatten – soeben unter den Eßtisch verzogen hatte. Auf dem Wohnzimmerteppich schlief Eartha in der Sonne den Schlaf des Gerechten.

Jeder Katzenliebhaber wird mir zustimmen: Nichts

ist bodenloser, allumfassender als das Schweigen einer kranken Katze. Die dumpfe Stille durchdringt das ganze Haus, und in ihrer Mitte sitzt in sich verschlossen, unerreichbar fern und teilnahmslos das Tier.

Ich ertappte mich dabei, wie ich alle fünf Minuten auf meine Armbanduhr schaute. Wo blieb dieser Camuti? Warum rief er nicht zurück?

Auf einmal erhob sich Balaban, stakste unter dem Eßtisch hervor und verschwand in der Küche, wo er sich hinter sein Frühstück machte. Ich kauerte mich neben ihn, um sein Auge genauer zu betrachten. Mehrfach rief ich ihn beim Namen in der Hoffnung, daß er sich mir zuwende. Aber er nahm überhaupt keine Notiz von mir. Nach dem letzten Bissen kehrte Balaban an sein Plätzchen unter dem Eßtisch zurück und döste weiter in der Mandarinhaltung mit eingerollten Vorderpfoten. Er wünschte Ruhe.

Ich atmete erleichtert auf. Wer von Schmerzen geplagt ist, frißt nicht. So bestand immerhin die Aussicht, daß Balaban weder erblindete noch ein Auge verlor. In meinem innersten Herzen verwünschte ich die geheimnisvolle Natur aller Katzen. Wäre Balaban ein Hund, so hätte ich etwas von ihm über seine Krankheit erfahren können, statt Vermutungen aneinanderzureihen. Und wo blieb Camuti?

Wer, zum Teufel, war eigentlich dieser Camuti, daß sein Name mir gleich durch den Kopf geschossen war? Ich ging alle meine Freunde durch, die auch Katzen besaßen: Wer von ihnen hatte mir zuerst von diesem legendären Tierarzt erzählt? Es fiel mir nicht ein.

Und dennoch hatte ich mich spontan an ihn gewandt, überzeugt, dieser Mann könne unserer heißgeliebten Katze helfen. Dabei wußte ich kaum etwas über ihn außer der wunderbaren Tatsache, daß der Katzendoktor in unserer Zeit und in seinem hohen Alter noch Hausbesuche machte. Sobald in einem Gespräch sein Name fiel, rankten sich Anekdoten darum, die seine übernatürlichen medizinischen Gaben und seinen bärbeißigen Charakter bezeugten.

Je länger ich nachdachte, desto mehr leuchtete mir ein: Camuti war einfach Camuti.

Das mag ja wahr sein – doch die Stunden schlichen dahin, und kein Dr. Camuti meldete sich. Endlich, um 13.37 Uhr, klingelte das Telefon. Ich grapschte nach dem Hörer, und eine knarrende Stimme sagte: »Camuti.« – »Gott sei Dank!« seufzte ich und berichtete alles haarklein. Zum Schluß fragte Camuti – so pflegte auch er von sich zu sprechen – ganz trokken: »Frißt die Katze?«

»Ja.«

»Offenbar nichts Alarmierendes. Ich schaue am Abend bei Ihnen vorbei.«

»Am Abend?« schrie ich, um dann gefaßter fortzufahren: »Können Sie nicht gleich kommen?«

»Ich mache meine Besuche nicht vor dem späten Nachmittag. Wenn Sie sofort einen Tierarzt konsultieren möchten, sollten Sie . . .«

»Nein, nein, wir können warten.« Das war immer noch besser, als Balaban einem wildfremden Veterinär anzuvertrauen.

Camuti sagte: »Nennen Sie mir Ihre Adresse und die Nummer Ihres Apartments. Gibt es einen Lift in Ihrem Haus? Ich bin nämlich kein Springinsfeld mehr.«

Ich beruhigte ihn: »Ein Lift ist vorhanden.«

»Hoffentlich haben Sie eine Luxseife und Whisky – oder noch lieber Wodka – im Haus. Es kann auch ein anderer Alkohol sein, aber vergessen Sie nicht die Luxseife.«

»Gewiß«, sagte ich – da hatte er schon längst den Hörer aufgelegt.

Ich blieb verwirrt zurück. Was wollte er mit dem Wodka? Trank er etwa? Die Seife war mir klar: Vor oder nach der Untersuchung wäscht ein Arzt sich die Hände. Aber hatte ich stundenlang gewartet, um unseren Balaban von einem Säufer behandeln zu lassen?

Die Spannung stieg; von Marilyns Heimkehr um 17.45 Uhr bis sich der Portier um 19.18 – natürlich blickte ich auf die Uhr – meldete, hing sie schwer im Zimmer. »Ein Dr. Cutie ist hier«, sagte Max – wir wohnten nun schon fünf Jahre in diesem Apartmenthaus, und Max hatte noch keinen einzigen Besucher mit seinem richtigen Namen angekündigt.

»Schicken Sie ihn rauf«, sagte ich. Zerstreut strich sich Marilyn übers Haar, Eartha trottete, aus seinem sanften Schlummer auf der Matte geweckt, aus dem Badezimmer und schnupperte an Balaban, der immer noch unter dem Eßtisch lag. Unser Patient achtete mit geschlossenen Augen nicht darauf, als sein Bruder ihn mit der Nase stupste.

Und ich starrte auf die Wohnungstüre. Plötzlich klingelte es zweimal kurz und laut. Eartha schoß aus dem Zimmer, während Balaban einen kläglichen Laut von sich gab, ohne sich zu regen. Als wir zur Türe rannten, stießen Marilyn und ich beinahe zusammen. Vor uns stand ein Mann, der nicht die geringste Ähnlichkeit zeigte mit dem uns vom Kino oder Fernsehen her vertrauten Arztbild: Er war klein und trug Hut und Mantel. Von seinem Gesicht konnte ich nichts erkennen außer der kantig unter dem Hutrand vorragenden Nase. Doch die militärisch straffe Haltung strahlte Autorität aus. »Frankel?« fragte er.

»Ja.«

»Camuti.« Er schob sich an uns vorbei und trat ins Zimmer. Schon damals fiel mir auf – und es wird mir jedesmal neu bewußt –, daß Louis Camuti eine ganz eigene, unerklärliche Art besitzt, ein Zimmer beim Betreten zu erobern. Auf einmal ist es sein Zimmer, und die Bewohner – zumindest in meinem Fall – kommen sich auf ihrem Grund wie Eindringlinge vor.

Er prüfte mit dem taxierenden Blick eines Auktionators unser Heim und stellte sein Arztköfferchen auf dem Eßtisch ab, der für mich schon lange tabu war, da Marilyn aus Angst vor Kratzern mir derartige Freiheiten verboten hatte. Dann nahm er den Hut ab, knöpfte den Mantel auf, zog ihn aus, faltete ihn sorgfältig und legte ihn über einen Stuhl.

Camuti war bestimmt keine Schönheit mit seiner Glatze und der gewaltigen Hakennase, bis man seine Augen entdeckte, die von einem Gegenstand zum nächsten zu hüpfen schienen.

»Wo steckt Oswilla?« wollte er wissen. Wir sahen ihn verständnislos an.

»Mein Patient«, knarrte er. Ich fragte mich, ob dieser Dr. Camuti je einen langen Satz äußern würde. Dann lachte er kurz und trocken vor sich hin, und zum erstenmal blitzte seine Güte auf. »Ich kann nicht die Namen von allen meinen Katzen behalten. Dazu ist die Praxis zu groß. So heißt bei mir jede Kätzin Oswilla und jeder Kater Nicodemus.«

»*Er* heißt Balaban, und *er* liegt unter dem Tisch«, sagte Marilyn mit Betonung.

»Balaban? Nie gehört«, sagte Camuti, »werde ich wohl auch nicht behalten. Holen Sie ihn raus, und bringen Sie ihn in die Küche. Ich wasche unterdessen die Hände. Sie haben doch die Luxseife für mich?«

»Im Badezimmer«, sagte Marilyn, »ich zeige Ihnen den Weg.«

»Bringen Sie die Seife in die Küche und auch den Wodka oder was Sie sonst bereitstellten.«

Ich krabbelte unter den Tisch. Als ich Balaban anlangte, mauzte er jammervoll und versuchte, sich noch weiter zurückzuziehen. Ich tätschelte ihm den Kopf. »Er tut dir nichts, Balaban, der Doktor will dich doch gesund machen.«

Wieder mauzte unser Patient, als ich ihn unter dem Tisch hervorzerrte. Ich trug ihn in die Küche, wo Camuti sich eben die Hände mit einem Papiertuch abtrocknete. Er nahm mir den Kater ab und setzte ihn auf den Küchentisch. »Wo ist der Wodka?« fragte er über die Schulter. Balaban buckelte in Abwehrstellung und fauchte. »Dir geht's offenbar nicht schlecht. Laß sehen, wer dich so zugerichtet hat, Nicodemus.«

Ich holte den Wodka vom Regal über dem Eisschrank. Marilyn blieb im Flur und preßte die linke Hand vor den Mund, während ihr Tränen über das Gesicht liefen.

»Halten Sie ihn gut fest, solange ich das Auge untersuche«, befahl Camuti, und ich legte meine Hände auf Balabans Flanken. »Ja nicht loslassen«, mahnte der Katzendoktor, »ich tue ihm nicht weh, aber das weiß er ja nicht.«

Balaban knurrte und fauchte aus Leibeskräften, als der Arzt sanft das kranke Auge öffnete. »Recht so, Nicodemus, zeig's ihnen«, ermunterte ihn Camuti. Er gab den Katzenkopf frei, und Balaban fauchte noch einmal energisch. »Haben Sie beide noch andere Katzen oder einen Hund?«

»Ja, Eartha, Balabans Bruder. Ist er schuld an dem Auge?«

»Wahrscheinlich, wenn Sie keine anderen Tiere besitzen.«

Er öffnete sein Köfferchen. »Ich brauche ein paar Kosmetiktücher, und machen Sie jetzt die Wodkaflasche auf.«

Marilyn sauste ins Badezimmer zu der Kleenex-Schlachtel.

»Das Wochenende verbringen wir immer auf dem Land«, sagte ich. »Da halten sich die Katzen im Freien auf.«

»Dann kann das kranke Auge viele Ursachen haben. Es handelt sich um einen kleinen Kratzer, ungefähr zwei Tage alt.«

Marilyn erschien mit den Kosmetiktüchern und der offenen Wodkaflasche.

»Packen Sie zu«, sagte Camuti, »keine Angst, Nicodemus ist nicht zerbrechlich.« Er zog eine Spritze auf.

»Ich gebe ihm Antibiotika. Und die Entzündung des Auges lindern wir mit einer Salbe, die Sie zweimal täglich anwenden müssen.« Als ich ächzte, schaute er mich milde an. »Was ist denn los? Sie sind schließlich stärker als die Katze. Ich werde es Ihnen zeigen.«

Er knäuelte ein paar Kosmetiktücher zusammen, tränkte sie mit Wodka, wozu er bemerkte: »Kein schlechtes Getränk, aber ein noch besseres Desinfektionsmittel.« Und wir hatten ihn als Trunkenbold eingeschätzt!

Er desinfizierte mit dem Wodkabausch eine Stelle in Balabans Pelz, und bevor unser Kater zuschnappen konnte, fuhr Camutis Arm blitzgeschwind durch die Luft – die Spritze war erledigt. Camuti blinzelte mir zu.

»Haben Sie was gesehen? Der schnellste Schütze mit der Spritze heiße ich in New York.«

Dann schraubte er von einer winzigen Tube den Deckel ab. »Passen Sie auf, junger Mann, Sie werden hier zum Tierarzt ausgebildet.« Während ich noch brummte, faßte er Balaban unter das Kinn. »Oberstes Gebot, Sie müssen die Katze fest im Griff haben.«

Zu meinem Erstaunen salbte Camuti das falsche Auge. »Herr Doktor, Sie täuschen sich!« warnte ich ihn.

Er nickte. »Jawohl. Ich will die Katze drausbringen. Die Tiere reiben nämlich gerne die Salbe aus dem Auge. Wenn ich beide Augen behandle, weiß er nicht, woran er ist. Die Salbe bleibt dann länger drin und wirkt besser.« Ich schaute zu Marilyn hinüber: Auch in ihren Augen spiegelte sich Respekt. »Okay, Sie können loslassen.«

Balaban sprang vom Tisch und schoß aus der Küche ins Schlafzimmer, wo er vermutlich unterm Bett verschwand. Camuti drückte mir die Tube in die Hand. »Zweimal täglich, morgens und abends.«

Das Schloß seines Köfferchens schnappte zu. Ich führte Camuti ins Wohnzimmer, und Marilyn fragte: »Was darf ich Ihnen anbieten? Möchten Sie sich einen Augenblick hinsetzen?«

»Nein, vielen Dank«, sagte er und wippte leicht hin und her. »Ich ruhe mich im Stehen aus wie ein Pferd. Vielleicht konserviere ich mich deshalb so gut.«

Er merkte, daß wir seine Anspielung nicht begriffen. »Wissen Sie, wie alt ich bin? Fünfundachtzig, ungelogen.« Zu seiner Befriedigung starrten wir ihn verdutzt an: Er sah schließlich aus wie ein Mann in den Sechzig.

Er hatte etwas von einem temperamentvollen

Kampfhahn. Seine auffallend bunte Krawatte mit einem Muster, als hätte unser Doktor sich mit Pflaumen vollgekleckert, verstärkte noch diesen Eindruck. Die kurzen, raschen Bewegungen paßten in dieses Bild: Im Gespräch wandte Camuti nie den Kopf von Marilyn zu mir oder von mir zu ihr, sondern schnellte ihn herum, legte ihn keck zur Seite und musterte uns prüfend. Und immer noch wippte er hin und her.

Sooft Camuti auf die Fersen zurückrollte, hörten wir ein sonderbares Geräusch, in weiter Ferne schienen winzige Kügelchen aneinander zu stoßen. »Was ist das?« fragte ich verwundert.

Camuti lachte wieder trocken und holte aus der Tasche seines Jacketts einen Gegenstand aus Kristall, der an beiden Seiten einen silbernen Verschluß aufwies. »Tabletten.«

Das Röhrchen war randvoll. »Die schlucken Sie alle?« fragte ich.

Er schüttelte den Kopf. »Einige sind für meine Patienten. Einige für deren Besitzer. Und einige für mich. Ich bin nämlich allergisch gegen Katzen.«

Nachdem dieses Bömbchen geplatzt war, packte Camuti seinen Koffer und strebte in den Flur. Ich half ihm in den Mantel, während er tröstlich meinte: »Nicodemus ist morgen wieder quicklebendig. Aber salben Sie sein Auge noch mindestens zwei Tage lang.«

Wir nickten. Marilyn fragte: »Kommen Sie wieder vorbei?«

»Mittwochabend schaue ich nach.«

Wir nickten wieder. An der Wohnungstüre erkundigte ich mich: »An welchen Tagen machen Sie denn Visite, Herr Doktor? Nur für den Fall eines Falles.«

Er sah mich unter dem Hutrand hervor mit schiefgelegtem Kopf an. »Nicht so hastig, junger Mann.

Darüber reden wir bei meinem nächsten Besuch am Mittwoch.«

»Wie meinen Sie das?«

»Ob Sie meine Klienten werden oder nicht, steht noch keineswegs fest. Es kann sein, wenn Sie meine drei Gebote befolgen. Erstens, du sollst deine Katze lieben und für sie sorgen. Zweitens, du sollst meine Anweisungen beachten. Drittens, du sollst die Rechnung pünktlich bezahlen. Wie Sie es mit den ersten beiden Regeln halten, sehe ich am Mittwoch und am nächsten Ersten, ob Sie die dritte ernst nehmen.«

Er tippte an den Hut, drehte sich schneidig um und eilte zum Lift, ohne zurückzuschauen. Hinter der geschlossenen Türe japste Marilyn: »Ist er nicht ein Original?«

Ich sagte lachend: »Aber trotz allem ein Schatz.«

»Man muß bei ihm auf den Geschmack kommen wie beim Schneckenessen.«

»Mich erinnert er mehr an Artischocken. In der rauhen Schale steckt ein sehr weiches Herz.«

Am nächsten Morgen zeigte sich Balaban mit halboffenem Auge neben seinem gleichgültigen Bruder an der Futterschüssel – und damit begann unsere Liebe zu Louis J. Camuti.

Haskel Frankel

1. Kapitel
»Herr Doktor, mögen Sie Katzen wirklich gern?«

Weiß der Himmel, wie oft ich schon gefragt worden bin: »Herr Doktor, mögen Sie Katzen wirklich gern?«

Meist starre ich den Frager schweigend an, während ich im stillen denke: ›Alle meine Katzenbesitzer sind normal, nur einige sind normaler als die anderen.‹ Mit dieser Lieblingswendung drücke ich mich so milde wie nur möglich aus.

Natürlich hat es mich beschäftigt, ob die Frage mit meinem Verhalten gegenüber Katzen zusammenhängen könnte. Ich bin nicht immer der bezauberndste Mann der Welt, zugegeben, aber auch kein Unmensch. Wenn ich mehr Zeit zur Verfügung hätte, würde ich einen besorgten Tierhalter mit größerer Wärme beruhigen, doch Alex – meine Frau Alexandra – und ich haben Abend für Abend, wenn wir zu den wartenden Patienten durch die Straßen New Yorks fahren, einen randvollen Terminkalender vor uns.

Am liebsten würde ich dem Frager frank und frei antworten: »Seit Januar neunzehnhundertzwanzig bin ich Tierarzt und fast ausschließlich als Spezialist für Katzen tätig. Können Sie mir irgendeinen Grund nennen, warum ein vollsinniger Mensch sechzig Jahre seines Lebens damit verbringen sollte, Tiere zu behandeln, die er nicht ausstehen kann?«

Offen gestanden: Die Frage hat gar nichts mit mir zu tun, sondern allein mit den Katzenbesitzern – nicht mit allen, aber mit einer ganzen Reihe von ihnen. Einem Tierarzt, der sich mit Hunden, Sittichen oder auch Känguruhs befaßt, wird eine solche Frage wahrscheinlich nie gestellt. Hunde- und Vogelbesitzer – über Känguruhs und ihre Herrchen bin ich nicht hinreichend informiert – hängen genauso an ihrem Liebling, aber sie benehmen sich nicht so närrisch wie einige Katzenbesitzer, denen ich begegnet bin.

Ja, ich mag Katzen gern. Von Liebe kann nur bei meinen eigenen Katzen aus früherer Zeit die Rede sein, denn Liebe entsteht, glaube ich, bloß zwischen dem Besitzer (sei's Mann oder Frau) und seiner Katze. Aber ich mag diese Tiere gern, sonst würde ich meinen Unterhalt mit einer anderen Beschäftigung verdienen.

Gewiß mag ich nicht alle Katzen. Unter meinen Patienten gibt es ein paar ganz tückische Exemplare. Aber die meisten sind reizend und höchst liebenswürdig, obwohl es selten vorkommt, daß eine Katze mich mag, wenn sie von mir behandelt wird. Und jene, die ich häufig besucht habe, erweckten in mir eine herzliche Zuneigung. Im großen und ganzen habe ich wohl zu meinen Patienten das gleiche Verhältnis wie ein praktischer Arzt zu seinen Kranken. Ein Mensch oder ein Tier greift uns in seiner Pein ans Herz, und wir möchten helfen, den Schmerz zu lindern. Ein Arzt setzt sein Können ein, der Besitzer aber Liebe.

Nach diesem ausführlichen Prolog ist es an der Zeit, über die erste Katze in meinem Leben zu berichten, meine erste Katzenliebe. Ich weiß noch alles von ihr, nur nicht, weshalb sie Ci-Nin hieß. Diese Katze hat mir als Kind das Leben gerettet.

Meine Familie stammt aus Parma in Oberitalien, und am 17. März 1902 wanderten mein Vater, meine Mutter, mein jüngerer Bruder Joseph Louis und ich, Louis Joseph, damals neun Jahre alt, in die Vereinigten Staaten von Amerika ein. Aus unserer Wohnung an der MacDougal Street 104 in Greenwich Village zogen wir sehr schnell wieder aus, da mein Vater es verrückt fand, die Familie durch die halbe Welt zu jagen, um sie dann in New York unter lauter Italienern anzusiedeln. Darum entschied er sich für die Leland Avenue in der Upper Bronx, welche die feineren Leute dort schon zu Westchester zählten.

Noch in der MacDougal Street stieß Ci-Nin dank meiner Mutter zu uns. Meine Mutter war eine liebevolle und fromme Frau, die alles und jeden auf Gottes Erdboden ins Herz schloß, insbesondere Tiere. Mama brauchte nur vor die Haustüre zu treten, und schon lief ihr ein Tier über den Weg, das ihr Mitgefühl weckte. Mal war es beim Fischladen ein verhungertes kleines Kätzchen, dann wieder ein offensichtlich herrenloser Hund oder Tauben an der Ecke der Sixth Avenue. Ehe Mama wieder daheim war, hatte sie für alle gesorgt: Das Kätzchen wurde vom Ladenbesitzer mit Fischabfällen gefüttert, die Tauben pickten Brot- oder Kekskrümel, die sie aus ihrer Einkaufstasche schüttelte, und der Hund fand ein neues Zuhause in unserem Block. Das war Mama: Sobald sie ein Tier in Not entdeckte, stiegen ihr Tränen in die Augen, und sie schritt zur Tat.

Ich sehe noch meine Mutter am Fenster sitzen mit

dem Blick auf die Straße und Erbsen in eine Schüssel enthülsen. Plötzlich sprang sie auf und rief mir zu, ich solle auf meinen jüngeren Bruder aufpassen, sie sei gleich wieder da. Sie rannte aus der Wohnung, während ich Joseph zum Fenster zerrte. Dabei reichte der Ärmste gar nicht über das Sims. Und ich beobachtete, wie Mama auf einen Mann zuschoß, der auf einen Karrengaul einschlug. Ich weiß nicht, was Mama zu ihm sagte, doch sie riß vor meinen Augen dem Fuhrknecht die Lederpeitsche aus der Hand und fuchtelte damit vor seinem Gesicht herum. Mama war eine zierliche Frau, während der Mann sie wie ein gewaltiger Turm überragte. Mit dem kleinen Finger hätte er sie von der Straße fegen können, nur kam er gar nicht dazu, denn Mama schwang die Peitsche, als ob sie ihn im nächsten Augenblick kurz und klein hauen wollte. Der verschreckte Kerl drückte sich mit dem Rücken gegen seinen Gemüsekarren, bis Mama endlich zum Ende kam. Mit dramatischer Gebärde schleuderte sie ihm die Peitsche zu, wandte sich würdevoll um und ging zu unserem Haus zurück. Die Peitsche fiel zu Boden, der Mann stand entgeistert da.

Oben in unserer Wohnung stellte Mama meinen Bruder und mich vor sich auf.

»Habt ihr das gesehen?« fragte sie.

Ich sagte: »Ja«, und Joseph, der rein nichts mitbekommen hatte, nickte kräftig.

»Ich möchte, daß ihr beide das nie, nie vergeßt«, sagte sie, den Zeigefinger dicht vor unserem Gesicht, damit wir uns die Lektion auch merkten. »Gott schuf den Menschen, und er schuf die Tiere. Nach seinem Willen sollen sie in Frieden miteinander leben. Der eine ist nicht mehr als der andere, und der Starke muß dem Schwachen helfen. Wer ein Tier oder einen Menschen quält, die ihm nichts getan haben, ist grausam.

Und begeht eine Sünde. Daß ich keinen von euch je dabei erwische, wie er ein unschuldiges Tier quält, verstanden?«

Wir versprachen, es nie zu tun.

Dies erklärt wohl, warum mein Bruder und ich uns mitten in einen Knäuel Jugendlicher warfen, die ein schmutziges Kätzchen herumkickten wie einen Fußball. Wenn das kleine Tier mit den Beinen zappelte oder ängstliche Laute ausstieß, grölten die Burschen jedesmal vor Vergnügen.

Hätten sie kapiert, was sich tatsächlich abspielte, wären Joseph und ich wohl zu Kleinholz gemacht worden. Wie ein Überfallkommando schossen wir nämlich heran, packten das Kätzchen und verschwanden, ehe die Bande die Situation begriffen hatte.

Wir brachten das Kätzchen sofort nach Hause zu Mama und erzählten ihr alles. Sie gab uns einen Kuß und erlaubte uns, das Tier zu behalten. Kaum hatte ich das verschreckte Geschöpf auf den Boden gesetzt, flitzte es unter das Sofa und ward zwei Stunden nicht mehr gesehen. Mama lockte es mit etwas Hackfleisch auf einem Unterteller jeweils hervor, aber das arme Tier war derart verängstigt, daß es bloß auftauchte, wenn sich niemand im Wohnzimmer aufhielt oder wir ganz, ganz ruhig in der anderen Ecke saßen.

Nach dem letzten Bissen rannte die Katze wieder in ihr Versteck zurück. Erst nach drei Tagen fühlte sich Ci-Nin bei den Camutis wohl und kam zum Vorschein, um mit uns zu leben.

Als sie sich dann bis zur Schwanzspitze geputzt hatte, trat sogar eine kleine Schönheit zutage. Das schmutzige Aschenputtelchen, das wir gerettet hatten, verwandelte sich in eine schneeweiße Katze mit orangefarbenen Augen und einem zärtlichen Herzen.

Ich weiß nicht, warum Ci-Nin gerade mich bevorzugte, da die ganze Familie sie verwöhnte und unter dem Tisch mit den leckersten Bissen fütterte – was ich meinen Katzenbesitzern drakonisch verbiete. Aber sobald ich nach Hause kam, blieb Ci-Nin in meiner Nähe. Sie folgte mir von Zimmer zu Zimmer und schlief zusammengerollt in meinem Schoß, wenn ich meine Aufgaben machte. Ging ich zu Bett, sprang sie auf die Decke und richtete sich gemütlich ein. Ich hätte gut auf diese Bevorzugung verzichten können, denn Ci-Nin war ein richtiger Bettlümmel.

Nach unserem Umzug in die Leland Avenue hoffte ich, Ci-Nin würde, durch die neuen Räume verwirrt, mein Bett nicht mehr finden. Doch sie lag dort vom ersten Abend an, erkämpfte sich den Platz in der Mitte und stieg des Morgens über mich, um mir ins Gesicht zu starren, wenn sie es an der Zeit fand aufzustehen.

In der Leland Avenue bekam ich auch Typhus, damals eine gefürchtete Krankheit, weil es die modernen Wundermittel noch nicht gab. Mir wurde nur strenge Bettruhe – drei Monate lang – und flüssige Schonkost verordnet, die mich so dünn und matt machte, daß ich mich nicht einmal selber umdrehen konnte. Meine Mutter mußte mich von einer Seite auf die andere betten, um das Wundliegen zu verhüten, aber auch das half nichts.

Wenn die Krankheit mich nicht so geschwächt hätte, wäre ich wohl ohne Radio und Fernsehen vor Langeweile übergeschnappt. Sogar zum Lesen war ich zu schlapp. Nur Ci-Nin sorgte für meine Unterhaltung, indem sie alle ihre Katzenspiele mit mir spielte, am liebsten »Fang die Maus unter der Decke«: Ich mußte mit einem Zeh wackeln, und Ci-Nin stürzte sich im Sprung darauf.

Sie amüsierte sich auch gerne mit listigen Versuchen, aus meinem Teller zu fressen, wenn meine Mutter mir auf einem Tablett die Suppe brachte. Kurz und gut, Ci-Nin genoß meine Krankheit in vollen Zügen. Sie hockte nicht mehr den ganzen Tag verlassen herum, solange ich in der Schule lernte, sondern hatte rund um die Uhr Gesellschaft.

Eines Morgens besuchte Mama auf einen Sprung eine Nachbarin auf der anderen Seite der Etage. Ci-Nin schlief fest am Fußende meines Betts. Ob Mama es vergessen hatte oder früher zurück sein wollte, wer weiß; sie hatte jedenfalls meine Fleischbrühe auf dem Feuer stehen lassen.

Erst verdampfte die Flüssigkeit, dann verkohlte das Rindfleisch in dem trockenen Topf. Rauch füllte die Wohnung. Mir fiel zwar dieser komische Geruch auf, aber ich war zu müde und matt, um die Augen zu öffnen. Dann spürte ich, daß Ci-Nin ans Kopfende stieg und ihren Kopf an mein Gesicht stupste und dazu miaute. Ich schob sie mit der Hand weg. Nun fuhr ihre rauhe, trockene Zunge mir über Hals und Arm, doch ich konnte mich nicht aus meinem Fieberschlaf lösen und scheuchte sie mit einem kraftlosen Schlag von neuem weg. Ci-Nin legte ihre Pfote auf meine Lippen und drückte zu mit eingezogenen Krallen – ohne Erfolg.

Der scharfe Gestank drang jetzt bis in meinen Schlaf vor, auch wurde mir bewußt, daß die Katze immer erregter auf der Decke herumsprang. Plötzlich riß ich die Augen auf, denn Ci-Nin hatte mir einen Backenstreich versetzt. Der weckte mich, und ich sah das Zimmer voll von schwärzlich-ätzendem Rauch. Ich rang nach Luft und erkannte, was Ci-Nin gewollt hatte.

Ich versuchte, um Hilfe zu rufen, doch als ich den

Mund aufmachte, schüttelte mich ein Hustenanfall. Ich war sicher, daß ich sterben mußte.

Wie durch ein Wunder stürzte plötzlich Mama ins Zimmer, riß die Fenster auf, rannte zum Herd und drehte den Gashahn zu.

Als der Rauch abgezogen war, stellte ich fest, daß am Ende des Flurs die Tür zum Schlafzimmer offenstand. Dort war die Luft weniger verräuchert gewesen, und Ci-Nin hätte sich ohne weiteres dorthin retten können. Statt dessen war sie auf dem Bett geblieben, um mir unter Einsatz ihres Lebens zu helfen.

Spitzfindig ließe sich natürlich einwenden, meine Mutter hätte mich gerettet und Ci-Nin hätte mich so hartnäckig aufwecken wollen, damit ich sie in Sicherheit brächte, aber derart um die Ecke denkt keine Katze. Jedenfalls ist das meine Überzeugung. In meinen Augen hat sich Ci-Nin aus Liebe zu mir abgemüht, und ich werde stets nur diese Erinnerung in mir tragen.

Oft wurde ich später gefragt, ob Ci-Nin mir etwa den Anstoß gegeben habe, mich als Tierarzt auf Katzen zu spezialisieren. Ich antwortete stets mit einem »Nein« oder »Weiß ich's?«. Denn ich halte nichts von diesem Geschwätz, Ci-Nin habe auf mein Unbewußtes eingewirkt, so daß ich, ohne den Zusammenhang zu ahnen, den Beruf eines Katzendoktors wählen *mußte.*

Psychologie ist etwas Wunderbares für Leute, die sie brauchen und daran glauben. Doch ich gehöre einer früheren Generation an, die nicht im Schmollwinkel sitzt und klagt, welche Schäden der armen Kinderseele zugefügt wurden und was hätte sein können, wenn alles anders gelaufen wäre. Ich will nicht den unausgelebten Möglichkeiten nachtrauern. Wir sollen nutzen, was uns gegeben ist. Krempel die Ärmel hoch, tu was und mach das Beste daraus, so habe ich es gehalten. Ich wurde Katzendoktor, weil ich meinem Leben diesen Inhalt geben wollte – mehr ist dazu nicht zu sagen. Keine zwei Minuten verschwende ich auf irgendwelche Spekulationen, was hätte sein können, wenn ... Denn ich bin rundum zufrieden mit dem, was ich bin.

2. Kapitel
Das Camuti-System

Was sehen wohl andere Leute, die aus beruflichen Gründen quer durch New York fahren, wenn sie aus dem Fenster ihres Wagens schauen? Fällt einem Wirtschaftsprüfer das Seagram Building auf oder nur das Fenster, hinter dem das Büro seines Klienten Mr. X liegt? Bewundert ein Zahnarzt den Central Park, oder denkt er bloß: ›Meine Güte, da ist ja der Reitweg, auf dem Mrs. Wie-heißt-sie-gleich ihre Brücke verlor, als ihr Pferd scheute‹? Das möchte ich gerne wissen, denn auf meiner nächtlichen Besuchstour mit Alex nehme ich keine Gebäude, keine Leute wahr, sondern immer nur Katzen.

Wenn ich in eine Straße komme, in der ich meiner Erinnerung nach nie einen Patienten behandelt habe, steht mir unvermutet ein schnurrbärtiges Gesicht vor Augen. Den Namen der Katze oder ihren Besitzer habe ich oft vergessen, aber sobald mich diese großen Augen aus dem schwarzbraunen Gesicht einer Siamkatze anschauen oder aus dem rot-braun-weiß gefleckten Kopf einer Gescheckten, weiß ich: ›Das ist vertrautes Terrain.‹

Biege ich zum Beispiel von der Seventh Avenue in die 41. Straße ab und fahre am Trafalgar-Theater vorbei, taucht in meinem Geist der alte Theatername ›National‹ auf und Barbara Baxleys Liebling Tula. Müßte ich einen Stadtplan von New York anfertigen, fehlten alle berühmten Wahrzeichen der Stadt und die meisten Straßennamen. Die 41. Straße West hieße Tulaweg, im Osten, wo Phyllis Levys Katzen wohnten, gäbe es die Barnabas- und Tulpe-Promenade und im Village die Allee der Katze des klavierspielenden Nudisten.

Ich habe oft überlegt, ob Alexandra die Stadt mit meinen Augen sieht, nachdem sie mich schon so lange herumchauffiert, aber ich habe sie nie gefragt. Wie ich Alex kenne, würde sie, meine Neugier mit leichter Hand beiseite wischend, murmeln: »Ach, Knitter« – vor Jahren hat sie mir wegen der vielen Falten diesen Spitznamen verliehen – und sich nicht von der Beschäftigung ablenken lassen, die ihr während des Wartens im Auto die Zeit vertreibt.

Eigentlich könnte ein Mann in meinen Jahren, der sich die Füße wund läuft im Dienst seiner Patienten, von diesen ein kleines bißchen Wertschätzung erwarten. Nichts dergleichen. Obwohl ich in meinem Leben abertausend Katzen kuriert habe, müßte ich im hintersten Winkel meines Gedächtnisses kramen, um auch nur eine einzige Mieze zu finden, die mich freudig empfing, wenn ich zur Tür hereinkam – oder überhaupt sichtbar war.

Das ist das Mißliche an meinem Beruf. Jeder andere Facharzt kündigt seinen Besuch an und weiß, daß er und der Patient zur Stelle sind. Ich jedoch brauche mich bloß wie immer mit zweimaligem kurzen Klingeln zu melden, und schon löst sich der Patient in Luft auf. Und wenn sich eine Katze zu dieser

Nummer entschließt, würde sogar Kommissar Maigret dumm dastehen. Eine Katze, die sich verstecken will, findet noch in einem Ein-Zimmer-Apartment von zwei mal vier Meter Schlupfwinkel, die dem Wohnungsinhaber nicht im Traum einfielen. Denn eine zum Verschwinden entschlossene Katze vermag sich nach Belieben wie ein Taschentuch zusammenzufalten.

Da ich meine nächtliche Besuchstour mit Alex in sehr knapp bemessene Termine einteile, fehlt mir die Zeit, in einer Wohnung herumzustehen, während die Besitzer krampfhaft ihre Katze suchen. Darum habe ich das sogenannte Camuti-System erfunden und allen Klienten, deren Katze ich mehrmals betreue, beigebracht.

Als mustergültige Vorbereitung verlange ich, daß die Besitzer den Patienten im Badezimmer hinter Schloß und Riegel sperren, so daß er nicht abhauen kann, wenn es klingelt. Aber selbst in einer derart engen Zelle, wie sie das durchschnittliche New Yorker Badezimmer darstellt, haben mich ein paar Katzen überlistet.

Sollte das Tier bei meinem Erscheinen davonsausen, muß das Camuti-System zur Anwendung kommen. Es ist einfach und logisch mit einer sehr geringen Fehlerquote. Man arbeitet sich nämlich vom einen Ende der Wohnung zum anderen durch und kontrolliert sorgfältig das erste Zimmer, indem hinter oder unter jedem Möbel nachgeschaut wird, das einer Katze als Versteck dienen könnte. Dann schließt man die Tür zu diesem Zimmer und durchsucht das nächste und so weiter. Konsequenterweise haben wir zum Schluß die Katze beim Wickel.

Leider nicht immer. Als Rajah, die Siamkatze von Tom und Lois Wallace, erkrankte, sondierten die beiden Wallace, ihr Sohn George, das Mädchen und ich die ganze Wohnung entsprechend dem Camuti-System – ohne Erfolg. Wenn man bedenkt, daß Rajah fünfzehn Jahre zählte, also kein Springinsfeld mehr war, sondern ein würdevoller siamesischer Kater, fielen übermütige Streiche eigentlich außer Betracht. Arrogantes orientalisches Knurren und Fauchen, ja – aber kein Jokus.

Ohne Katze saßen Tom, Lois und ich in der Küche und kratzten uns ratlos den Kopf. Nur Klein Georgie gab nicht auf und kämmte die Wohnung noch einmal durch. Nebst seiner Zielstrebigkeit halfen ihm dabei seine Jugend und Größe, denn er beherrschte müheloser als wir die Teppichebene. Das wurde Rajah zum Verhängnis.

Georgie rief seine Eltern ins Schlafzimmer; ich blieb in der Küche, bis die Familie laut auflachte. Im Schlafzimmer fand ich sie dann auf allen vieren neben dem Bett. Tom gab mir ein Zeichen, ebenfalls hinzuknien. »Sehen Sie, was Georgie entdeckt hat«, sagte er und wies mit dem Finger auf einen Höcker an der Unterseite der Sprungfedermatratze, die rechts davon ein Loch im Bezug hatte. Tomm knuffte den Höcker, der sich bewegte. Ein weiterer Knuff, diesmal von der anderen Seite, in der Hoffnung, der Hökker rutsche auf das Loch zu und falle hindurch. Doch für diesen Trick war Rajah zu schlau: Er schob sich parallel zu dem Riß nach vorne. »Donnerwetter«, sagte ich, im Geist vor dem Kater respektvoll mein Hütlein lüftend.

Um Rajah zu fassen, mußten wir ausschwärmen, die drei Wallaces an je eine Ecke des Bettes, Camuti an die vierte. Wir hoben die Obermatratze weg und schaukelten die Sprungfedermatratze hin und her, als ob wir Gold auswaschen wollten oder gemeinsam an einem Spielautomaten hantierten. Aus der Tiefe erklang ein seltsames Gemisch von Tönen, als Rajah sich unter Protest festkrallte. Endlich hatten wir den Kater ausmanövriert, er plumpste durch das Loch und wurde verarztet. Die Matratze war bis zu meinem nächsten Besuch geflickt, denn niemand hatte Lust auf eine Wiederholung der Prozedur – möglicherweise mit Ausnahme von Rajah.

Ich würde Rajahs Versteckwahl als Sonderfall bezeichnen, hätte ich nicht im Laufe der Zeit noch andere Katzen unter anderen Betten hervorgezogen. Vielleicht liegt es an ihrer Größe, daß Katzen immer ein Loch finden, durch das sie schlüpfen können. Oder zerreißen sie etwa angstbefeuert selber den Stoff, um Camuti zu entwischen? Es sei, wie es wolle: Nach meiner Erfahrung gehören Katzen und Betten von Natur aus zuammen.

Mopsy, Miß Livingstons hellgraue Hauskatze, war auch so ein Bettspezialist. Miß Livingston arbeitete als Chefsekretärin in der Wall Street und lebte mit Mopsy und Mopsys Bruder Topsy in einer schmukken Vierzimmerwohnung. Da sie bis abends beschäftigt war, die alljährliche Spritze für ihre Katzen aber nicht aufschieben wollte, hinterlegte sie die Wohnungsschlüssel für mich beim Portier. Oben sichtete ich aber bloß Topsy, und er kriegte seine Spritze. Obwohl ich das Apartment von vorn bis achtern durchwühlte, blieb Mopsy verschwunden. Ich hinterließ eine Nachricht für Miß Livingston: Mopsy, falls es sie noch gäbe, sei vor meinem nächsten Besuch im Badezimmer einzusperren.

Beim nächsten Mal erwartete mich Miß Livingston im Treppenhaus vor der Wohnungstür. Sie hielt mahnend den Finger an die Lippen.

»Was stehen Sie denn hier draußen?« flüsterte ich.

»Sie sollen nicht klingeln«, sagte sie, »Mopsy weiß sonst Bescheid. Was denken Sie, wo sie sich versteckt hat?«

Ich hatte noch eine lange Nacht vor mir und verspürte keine Lust auf Katzenspielchen. »In der Matratze«, brummte ich.

Miß Livingston starrte mich an. Dann sagte sie: »Stimmt. Aber Sie müssen sich ansehen, wie Mopsy das macht.«

Sie gab mir ein Zeichen, und ich folgte ihr, als sie geräuschvoll die Tür öffnete und mit erhobener Stimme sagte: »Treten Sie herein, Herr Doktor Camuti.«

Ich sah Topsy unter das Sofa witschen, doch vor allem fesselte Mopsy meinen Blick. Wie ein graues Schemen fegte sie in den hinteren Teil der Wohnung. »Ihr nach«, rief Miß Livingston, »damit wir alles mitbekommen.«

Bei Olympischen Spielen für Katzen hätte Mopsy im Hindernislauf eine Goldmedaille gewinnen können. Sie jagte den Flur entlang, nahm die Haarnadelkurve beim Badezimmer, schleuderte sich von der Schlafzimmertür herab und verschwand mit einem meterlangen Satz im seitlichen Verschluß des Matratzenüberzugs. Ich bestaunte noch diese Leistung, als – schlupp! – der graue Schwanz weg war, als ob ihn die Matratze verschluckt hätte.

Mopsy wirkte höchst verdrossen, als ich sie mit langem Arm hervorzog und ihr die obligate Spritze verabreichte. Ich mußte ihr recht geben: Sie verdiente keine Spritze, sondern Applaus.

Ein Katzenbesitzer leidet viel mehr als sein Liebling, der die Spritze erhält. Das liegt an dem Knurren und Fauchen, an der ganzen Zappelei der Katze, was als

Zeichen größter Pein gedeutet wird. In Wahrheit ist eine Injektion nicht sehr schmerzhaft, und die Intensität der Empfindung hängt von folgenden Faktoren ab:

1. Je spitzer und neuer die Nadel, desto geringer der Schmerz.
2. Der Schmerz wird von der verwendeten Lösung beeinflußt. Thiamin (Vitamin B_1) tut mehr weh als die meisten anderen Lösungen.
3. Der Ort der Injektion spielt eine entscheidende Rolle. Subkutane Injektionen verursachen die geringsten Beschwerden, intravenöse Injektionen hingegen weisen eine breite Schmerzskala auf.
4. Je schneller gespritzt wird, desto kürzer ist die traumatische Periode.

Da ich es nachgerade gewöhnt bin, Katzen in oder unter Betten anzutreffen, durchstöbere ich allenthalben die vorhandenen Matratzen. Dies bescherte mir in Margaret Sangsters Schlafzimmer eine bemerkenswerte Überraschung.

Miß Sangster, eine sehr erfolgreiche Autorin volkstümlicher Hörspiele, arbeitete gewöhnlich mit drei Sekretärinnen: Die erste nahm das Diktat auf, die zweite übertrug es in die Maschine, die dritte brachte das Manuskript in die definitive Form. Bei meinem Erscheinen pflegten Margaret und ich uns nur zuzuwinken, dann wies sie auf die Treppe und bedeutete mir, daß mich die Katze oben im Schlafzimmer erwarte.

Ich ahnte nicht, daß am Vorabend meines denkwürdigen Besuchs eine von Margarets berühmt-berüchtigten Partys stattgefunden hatte. Ihre Feste begannen jeweils ganz normal, doch dank dem sorglosen und unbekümmerten Temperament der Gastgeberin ging es bald hoch her bei reichlichem Essen und Trinken. Viel Personal flitzte herum, um die Gäste zu versorgen, und das wußten Margarets Freunde. So kamen an einem solchen Abend häufig nicht nur die zwanzig Eingeladenen, sondern vierzig oder mehr Personen, da jeder ein paar Bekannte mitbrachte.

Natürlich war keine Katze da, als ich die Schlafzimmertür öffnete. Ich schloß sie wieder, um den Raum zu durchsuchen. Erfahrung macht klug, und ich schaute als erstes auf allen vieren unter dem Bett nach. Was ich dort sah, jagte mich so schnell hoch, daß ich mir an der Kante den Kopf anschlug. Unter dem Bett lag eine Frau – bekleidet, immerhin.

War sie tot oder lebendig? Ich rannte die Treppe hinunter, geradewegs ins Arbeitszimmer zu Margaret und den drei Sekretärinnen. »Es liegt jemand unter deinem Bett!« stieß ich hervor.

Die Sekretärinnen erstarrten, doch Margaret betrachtete mich mit milder Ungeduld, als hätte ich ihre Arbeit mit der Bemerkung »Draußen regnet's« unterbrochen. »Unmöglich, Louie«, meinte sie, »ich habe die ganze Nacht dort geschlafen.«

»Das mag ja sein, aber es liegt trotzdem jemand da.«

Margaret gab ihren Sekretärinnen ein paar Anweisungen, legte ihr Manuskript aus der Hand und folgte mir die Treppe hinauf. Beide knieten wir neben dem Bett auf dem Boden und stierten ins Halbdunkel. »Lebt sie?« fragte Margaret.

Ich fühlte der Frau den Puls.

»Ja.«

Da erhob sich Margaret und strich ihren Rock glatt. »Ich kenne sie nicht«, sagte sie, »es muß ein Überbleibsel von meiner Party sein.«

Damit entschuldigte sie sich und kehrte zu ihrer

Arbeit zurück. Der Aufenthalt unter dem Bett ging nur die Frau etwas an, nicht sie. Und mich bestimmt auch nicht, deshalb forschte ich weiter nach der Katze, die sich hinter die Kommode gequetscht hatte. Als ich die Schlafzimmertür hinter mir schloß, war die Katze versorgt, und die Frau schlief noch immer unter dem Bett.

Ich möchte wissen, wann sie aufwachte und wie. Es heißt, Margaret habe ihren Butler angewiesen, dreimal am Tag ein Tablett mit Essen unter das Bett zu schieben. Sie und ich haben über den Vorfall kein Wort mehr verloren.

Minor Lathams fuchsfarbene Mieze namens Singer war auch ein Bettkriecher, und so fand ich sie meist am angegebenen Ort – Singer natürlich, nicht Miß Latham –, da mein nachdrücklich angemeldeter Wunsch Miß Latham kein bißchen beeindruckte: Sie vergaß regelmäßig, ihre Katze vor meinem Besuch einzuschließen. Aber das war auch das einzige, was sie vergaß.

Minor Latham war rothaarig, lebhaft und, wie ich annehme, schon über siebzig. Sie hatte bereits vor dem Ersten Weltkrieg am English Department des Barnard College unterrichtet, dachte aber selten an die Vergangenheit. »Morgen ist noch so viel zu besorgen«, war ihr Motto. Auch nach ihrer Pensionierung behielt sie ihre Wohnung an der Claremont Avenue, von der aus die Columbia-Universität und das Barnard College zu Fuß zu erreichen sind. Die Wohnung besaß vier Schlafzimmer – wer das für eine alleinstehende Dame, eine Katze und ein Hausmädchen zu üppig findet, kennt Minor Latham nicht. Sie hing an allem, was ihre Mutter, ihr Vater, ihre Großeltern, ihre Freunde und nicht zuletzt sie selbst im Laufe des

Lebens aufbewahrt hatten. Die meisten Sachen waren unter den Betten verstaut, und da in ihren vier Schlafzimmern je zwei Betten standen, braucht es wenig Phantasie, sich ihr vollgestopftes Apartment vorzustellen. Dennoch herrschte dort eine geradezu preußische Ordnung, und aus dem erschöpften und nervös zuckenden Gesicht des Hausmädchens schloß ich, daß Miß Latham ein strenges Regiment führte. Sie rief auch ihre treue Angestellte seit zwanzig Jahren nie beim Namen. Wenn sie etwas von ihr wollte, schmetterte sie: »Hallo, Mädchen«, und die Arme trabte herbei.

Ich mochte Minor Latham – wie alle Originale –, abgesehen von ihrer Untugend, Singer vor meinem Erscheinen nie im Badezimmer einzusperren.

Als ich an einem regnerischen Abend gegen zehn Uhr naß und müde bei ihr hereinschaute, voller Sehnsucht nach zu Hause, wo ich die Füße hochlegen konnte, betete ich im stillen, daß nur dieses einzige Mal Miß Latham an meinen Wunsch gedacht haben möge. Doch wie immer steckte Singer nicht im Badezimmer, und es begann die Suche gemäß dem Camuti-System: Zimmer für Zimmer und Bett für Bett von Nummer eins bis Nummer acht. Beim letzten Bett im letzten Schlafzimmer schmerzten mir die Knie von dem vielen Herumkriechen auf allen vieren und dem unbequemen Wühlen zwischen Schachteln und Tüten.

Ich stöhnte laut, als ich wieder einmal in die Hocke ging. Miß Latham sollte meinen Ärger ruhig merken, auch wenn ich mir nicht viel davon versprach. Plötzlich entdeckte ich einen fuchsfarbenen Pelz, der sich unter dem Bett bewegte. Endlich! Ich packte fest zu. »Komm raus, du kleiner Schurke«, brummte ich.

Zu meiner Überraschung ertönte ein Schrei. Es war Miß Latham, die auf der anderen Seite des Bettes kniete. »Loslassen! Loslassen! Sie reißen mir die Haare aus!«

Das gab uns den Rest. Wir standen auf, und ich fuhr nach Hause. Am nächsten Abend teilte mir Miß Latham telefonisch mit, daß sie nach meinem Abschied die Katze gefunden habe: im Wohnzimmer, mitten auf dem Teppich sitzend. Und sie schloß mit den Worten: »Und mein Kopf tut immer noch weh, nehmen Sie das bitte zur Kenntnis.«

Ein junger Mann, dessen Namen mir nicht mehr einfällt, hatte ein schwarzes Kätzchen – an das erinnere ich mich wiederum genau –, das ich untersuchen sollte. Er wohnte in einem klitzekleinen Studio an der Ecke der 57. Straße und Sixth Avenue, das so sparsam möbliert war, daß man auf den ersten Blick eine Stecknadel, wieviel schneller noch ein Katzenjunges finden sollte. Auf dem Boden lag eine Matratze, und um einen schmiedeeisernen Tisch mit einer Glasplatte standen ein paar Stühle – das war sein stolzer Besitz. Das Zimmer, rechteckig und ohne Winkel, hatte zwei Türen: Eine führte ins Bad, die andere gehörte zu einem eingebauten Schrank. Nirgends verbarg sich ein Kätzchen. Die moderne Kücheneinrichtung ließ nicht zu, daß auch nur ein Krümel hinter Herd oder Eisschrank rutschte.

Da es offensichtlich nirgendwo ein Versteck gab, musterte ich den jungen Mann kritisch. »Besitzen Sie denn wirklich eine Katze?« fragte ich.

»O ja«, versicherte er. »Sie heißt Louella.«

»Dann zaubern Sie sie mal her, ich kann doch nicht die ganze Nacht hier herumstehen.«

Er dachte kurz nach. »Jetzt weiß ich's. Wenn ich

den Eisschrank öffne und Hackfleisch herausnehme, kommt sie. Darauf ist sie scharf. Sie werden sehen, das bringt sie zum Vorschein.«

Und es brachte Louella zum Vorschein, schneller, als wir beide vermutet hatten. Sobald die Tür des Eisschranks aufschwang, hüpfte das Kätzchen heraus und schüttelte sich, unbeeindruckt von seinem kühlen Aufenthalt. Zum Glück hatte der junge Mann seine Louella erst eine knappe halbe Stunde vor meiner Visite gefüttert. Dabei mußte sie ihm in den Eisschrank gewitscht sein.

In all den Jahren, da ich meine verschwundenen Patienten gesucht habe, blieb nur ein Fall ungelöst – paradoxerweise in meinem eigenen Haus.

Es begann mit der Bitte meines Freundes Victor Carabba, ich möchte seine Katze kastrieren. Ich kannte Victor seit unserer gemeinsamen Studienzeit; später war er zur Humanmedizin übergewechselt. »Du bist verrückt, Victor«, sagte ich. »Mach es doch selber. Du bist ein erstklassiger Chirurg und dazu ein ausgebildeter Tierarzt.«

»Nein, Louie«, sagte er, »ich bin gleich da – mach lieber du es.«

Vor Ablauf einer Stunde klingelte er an meiner Tür und überreichte mir ein wild zappelndes Siamkätzchen, das ungefähr ein halbes Jahr alt war.

»Ich verstehe immer noch nicht, warum du nicht selber operierst«, hielt ich ihm vor, obwohl ich seinen Einwand witterte.

Er lief rot an. »Ich kann nicht. Wenn etwas schiefgeht, kann ich meinen Kindern nicht mehr in die Augen sehen. Aber reg dich nicht auf, falls was passiert. Das Kätzchen ist erst kurze Zeit bei uns, und die Kinder hängen noch nicht zu sehr an ihm.«

Damit machte er auf dem Absatz kehrt. Ich führte den Eingriff sofort aus. Damals konnte man die Narkose noch nicht genau bemessen – meine Katzen wachten nach zwanzig, vielleicht auch nach dreißig Stunden auf, und man mußte sie jede Stunde auf die andere Seite drehen, damit keine Flüssigkeit in die Lunge drang. Deshalb legte ich das Tierchen in unser Bad neben dem Schlafzimmer, so brauchte ich nachts nicht die Treppe hinabzusteigen, wenn ich es neu bettete.

Am Morgen nahm Alex das betäubte Kätzchen mit nach unten, um es zu überwachen, während ich ausschlief.

Als ich in die Küche kam, waren meine Frau und ihre Mutter, die bei uns wohnte, vor Verzweiflung außer sich.

»Was ist los?« fragte ich.

»Die Katze ist weg.«

Meine Frau hatte die Patientin in einer Kuhle aus Papiertüchern mitten auf dem Küchentisch zurückgelassen, während sie mit ihrer Mutter im Eßzimmer frühstückte. Als sie in die Küche zurückkehrten – »Nach einem Viertelstündchen, Knitter!« –, war die Siamkatze verschwunden.

»Auch wenn sie in der Zwischenzeit aufgewacht ist«, beruhigte ich Alex, »ist sie noch benebelt und kann nicht weit gekommen sein.«

Alex hatte das ganze Parterre abgesucht – erfolglos.

In diesem Augenblick läutete das Telefon: Victor Carabba wollte sich nach seinem Liebling erkundigen.

Ich sagte ihm die Wahrheit, und er tröstete mich: »Nimm's nicht schwer. Das Kätzchen wird gleich zum Vorschein kommen.«

Sein Zuspruch erleichterte mich, aber er selber muß nicht recht daran geglaubt haben, denn er rief jede Viertelstunde an, ob wir nicht endlich ...?

Alex, meine Schwiegermutter und ich kehrten nun in der Küche systematisch das Unterste zuoberst. Die Kleine konnte nur hier sein, denn als Frau eines Tierarztes hatte Alex pflichtbewußt alle Türen geschlossen, bevor sie sich an den Frühstückstisch setzte.

In unserer ausweglosen Situation bestellte ich telefonisch bei einer Speditionsfirma zwei starke Männer, die unseren Eisschrank verrücken sollten. Es war die letzte Chance, das verflixte Kätzchen zu finden.

Die beiden Kerle hievten den Koloß ungefähr dreißig Zentimeter von der Wand weg, dann warf ich einen Blick dahinter: Staub, bloß Staub ohne einen einzigen Pfotenabdruck.

Ich holte eine Taschenlampe und legte mich auf den Bauch. Aber auch unter dem Herd nichts, gar nichts.

Als Alex und ich zu meiner Besuchstour aufbrachen, schwor meine Schwiegermutter, sie würde die Küche nur bei unerwartetem nationalen Notstand verlassen. Wenn das Kätzchen auftauchte – und einmal mußte es ja Hunger haben –, wäre sie zur Stelle und könnte uns dann das Versteck verraten.

Während unserer Abwesenheit kamen mein Sohn Louis und seine Frau Grace zu Besuch. Als sie von unserer Aufregung hörten, propagierte Louis seine unfehlbare Methode: »Unser Kater Olney haßt alle anderen Katzen. Ich hole ihn rüber, und im Handumdrehen schnuppert er, wo die Kleine steckt.«

Olney trat auf und vollführte in der Küche ein Riesentamtam: Er kratzte, knurrte, fauchte – aber mehr brachte der dumme Kater meines Sohnes nicht zuwege. Schließlich verstaute ihn mein Sohn unverrichteter Dinge wieder in seinem Reisekorb. Meine Schwiegermutter begleitete die jungen Leute zur Haustür, und schon im Flur betrug sich Olney aufs manierlichste.

Als mein Sohn noch einmal zurückkehrte, um sich in der Küche die Hände zu waschen, schrie er vor Überraschung auf. Mitten auf dem Boden saß seelenruhig Victor Carabbas Siamkätzchen und leckte sich das Fell.

Noch am selben Abend lieferte ich es bei seiner Familie ab.

Auch heute noch mustere ich mißtrauisch unsere Küche, wenn mir dieser Schlaumeier wieder in den Sinn kommt, der Camuti austrickste: Wo in aller Welt konnte sich das Kätzchen versteckt haben? Welchen Schlupfwinkel hatten Alex und ich übersehen? Und ich fühle mich versucht, eine Transportfirma zu beauftragen, den Herd vorzurücken. Wenn ich nur ein einziges Katzenhaar dort fände – welch eine Seligkeit für mich.

3. Kapitel
Der Patient als Doktor

Ich finde meine Allergien nicht im geringsten amüsant, aber an der Reaktion meiner Umwelt – einem leisen Lächeln, das rasch mit einem Hüsteln überspielt wird, oder an der übertriebenen Anteilnahme – »Ach, wirklich? Das ist ja wahnsinnig interessant!« – erkenne ich, welch komische Figur ein Tierarzt abgibt, der auf Katzen und Hunde allergisch ist. Ein Freund von mir brachte es auf die Formel: »Du wirst doch zugeben, es ist so widersinnig wie ein übergewichtiger Schlankheitsapostel oder ein von Schwindelanfällen geschüttelter Fensterputzer, der sich auf Wolkenkratzer spezialisiert.«

Das mag wohl so sein, aber ich bin eben ein allergischer Katzendoktor.

Ans Tageslicht kam es, als im Jahr 1961 Topolina II mit Wonne auf meinem Schoß fernsah. Sie war ein reizender kleiner Dackel, eine von mir besonders geliebte Rasse. Als sie eines Abends von meinen Knien herabsprang, spürte ich an meinem Handgelenk eine heiße Stelle, wo der Welpe die Schnauze hineingebohrt hatte. Ich sah nach und entdeckte einen entzündeten Flecken auf der Haut. Das nahm ich nicht weiter ernst, aber am nächsten Abend hatte ich wieder einen roten Fleck, und mir wurde klar, daß, wo immer Topolina mich berührte oder auch nur anschnaufte, sich ein brennendes Ekzem ausbreitete.

Ich rief unseren Hausarzt an und kurze Zeit später lag ich im Doctors Hospital in Manhattan. Es hieß, das sei die einzige Möglichkeit, mich während der Allergietests von der einen Ursache oder auch den vielen Ursachen zu isolieren. Niemand zweifelte daran, und es war tatsächlich Topolina. Ich liebte mein Dakkelchen, und nun mußte es schon wieder ein neues Heim suchen. Topolina führte wirklich ein Hundeleben.

Wir hatten sie von der reizenden Mrs. Snow Viles bekommen. Sie besaß ursprünglich einen Rauhhaardackel, Nico, sowie einen Siamkater, der keinen richtigen Namen hatte, da er, wie die Viles erklärten, auf keinen hörte. Er gehorchte bloß, wenn Snow »Siamese« rief oder »Jimmy« – so hieß ihr Mann.

Siamese duldete kein Tier in seiner Umgebung mit Ausnahme von Nico und war überhaupt ein verwegener Rabauke. Im Sommer patrouillierte er auf Fire Island, wo das Vilessche Ferienhaus stand, durch den Garten, um sein Terrain von jedem Störenfried sauberzuhalten, und mit demselben Ingrimm bewachte er auch die Stadtwohnung. Meist hockte er sprungbereit auf einem hohen Möbelstück, um alles, was auf vier Beinen zur Tür hereinkam, anzugreifen.

Nach Nicos Tod besorgte sich Snow Viles einen neuen Dackel, da die Katze eigentlich ihrem Mann gehörte.

Telefonisch forderte sie mich auf, das Hundejunge einmal zu untersuchen – und gleich gewann es mein Herz. Alex und ich hatten vor kurzem erst unseren eigenen heißgeliebten Dackel Topolina verloren, deshalb bat ich Mrs. Viles, ihren Welpen zu meiner Frau ans Auto zu bringen, das würde sie freuen.

Alex stieß, wie erwartet, bewundernde Ohs! und Ahs! aus und äußerte zum Schluß – ob es mehr war als eine höfliche Floskel, kann ich nicht beurteilen –: »Wenn Sie je das Tierchen weggeben wollen, denken Sie an uns.«

Mrs. Viles lachte geradeheraus. Welcher vollsinnige Mensch würde einen so süßen Hund wegschenken? Er hatte warme ausdrucksvolle Augen und ein honigfarbenes Fell.

Doch vierzehn Tage später rief sie uns an: »Der Dackel gehört Ihnen.« Ihr entschlossener Ton ließ keinen Widerspruch zu, und als ich ihr erklären wollte, so ernst hätten wir unser Angebot auch nicht gemeint, fiel sie mir ins Wort: »Die Katze will das Hündchen ermorden.«

Das Ehepaar Viles konnte sich darauf nur den einen Vers machen, daß Siamese das Dackelchen mit einer Ratte verwechselte. Den ganzen Tag pirschte er sich an die Kleine heran, dann warf er sich von oben auf sie, biß sie ins Genick und schüttelte das hilflose Bündel in der Absicht, ihm den Hals zu brechen. Mrs. Viles hatte einfach nicht die Nerven, von morgens bis abends auf die beiden Tiere aufzupassen, und sie und ihr Mann schafften es trotz aller Anstrengung nicht, Hund und Katze getrennt zu halten. So mußte der Neuankömmling das Feld räumen, und Alex und ich zierten uns nur zum Schein.

Wir tauften den Dackel Topolina II und schlossen ihn gleich ins Herz. Als Tierarzt weiß ich wahrscheinlich besser als die meisten Hundebesitzer, was so ein Fell alles umschließt, aber bei Topolina – das könnte ich beschwören – schlug dort nur ein großes, liebevolles Herz. Im Nu hatte sie sich bei Camutis eingelebt und unseren besonderen Tageslauf akzeptiert. Die nächtlichen Fernsehstunden auf meinem Schoß versäumte sie nie – und da begann der Juckreiz.

Als die Spezialisten im Doctors Hospital bei mir eine Allergie gegen Hunde feststellten, überraschte mich das nicht weiter, aber ihre Entdeckung, ich reagiere auch auf Katzen, die meisten anderen Tiere, auf Staub, Pilze und Dutzende von anderen Dingen, traf mich schwer. Was würde aus meiner Praxis und den Patienten? Wovon sollte ich leben? Ich war 67, zu alt, um einen neuen Beruf zu ergreifen, zu jung, um mich aufs Altenteil zu setzen.

Zum Glück konnten die Ärzte meine Katzen- und Hundeallergie für zwölf Stunden am Tag mit Antihistaminen dämpfen. Das rettete meinen Broterwerb, doch Alex und ich mußten fortan auf eigene Haustiere verzichten, das stand fest. Ich dachte an unsere gute Topolina II, und sobald ich allein gelassen war, liefen mir die Tränen über die Wangen. Doch wir fanden für unseren Liebling eine neue Heimat in New Jersey, wo sie froh und zufrieden ihr Leben verbrachte.

In jener Nacht, als ich in meinem Krankenhausbett lag und weinte, zogen all die Katzen und Hunde an mir vorbei, die Alex und ich in die Familie aufgenommen hatten, Erinnerung um Erinnerung.

Besonders hoch in der Familiengunst stand jene Katze, die uns 1937 zulief, als wir nach Westchester umgezogen waren. Gegen acht Uhr morgens raste unser damals zehnjähriger Sohn in das Schlafzimmer und riß uns aus süßem Schlummer: Auf dem Küchenbalkon liege eine Katze mit einer riesigen Hernie!

Seufzend flehte ich Louis jr. an, mich vorläufig in Ruhe zu lassen, ich würde bald aufstehen und mich um die Katze kümmern, Ehrenwort. Damit gab er sich zufrieden, aber nicht lange.

Nach zwanzig Minuten stand er wieder an meinem Bett und trompetete seine neuesten medizinischen Erkenntnisse aus. Die Katze hatte gar keinen Bruch, sondern soeben auf unserem Küchenbalkon fünf Junge geboren. Und wie gedachte ich mit dieser Situation fertig zu werden?

Schlaftrunken murmelte ich, wir würden die Mutter behalten, falls kein Nachbar Anspruch auf sie erhebe, doch für die fünf Kleinen müsse der Herr Sohn selber ein Unterkommen finden. Ich dachte, damit sei er fürs erste ausreichend beschäftigt.

Louis war nach einer Stunde zurück: Er habe alles glänzend geregelt. Da gab ich mich geschlagen und kroch aus dem Bett.

Louis führte seinen Vater auf den Balkon, wo in der Tat fünf neugeborene Kätzchen zu besichtigen waren. Die Mutter, die ich behalten würde, wenn es denn sein mußte, war absolut keine Schönheit. Mit einem Blick erkannte ich den Gassenstrolch, das kreuzlahme Rauhbein, dem nicht einmal die Mutterschaft einen Anhauch von milder Güte verlieh. Doch versprochen blieb versprochen.

Ich schenkte mir in der Küche eine Tasse Kaffee ein, während Louis herumhüpfte und von der neuen Katze schwärmte: Chi-Chi, unsere Siamkatze, würde begeistert sein und sofort mit ihr Freundschaft schließen. Das bezweifelte ich. Chi-Chi war nicht der Typ dazu. Er pflegte seine Position als Herr im Haus eisern gegen alle vierbeinigen Eindringlinge zu verteidigen.

Louis mußte sich auf ein Stühlchen setzen, bis ich

genügend Kaffee konsumiert hatte und einigermaßen wach war. Dann stellte ich meinem Sohn die Frage, die mir schwer auf der Seele lag: Wie in aller Welt hatte er es geschafft, in so erstaunlich kurzer Zeit fünf Kätzchen unterzubringen?

Das sei ganz einfach gewesen, teilte er mir mit, er habe überall in Aussicht gestellt, sein Vater werde das Kätzchen im entsprechenden Alter kastrieren und jedes Jahr kostenlos impfen.

»Sehr gekonnt«, lobte ich säuerlich meinen Sprößling.

Louis barst vor Stolz.

Die Kätzchen wurden, sobald es anging, weggegeben und später, als es an der Zeit war, kastriert. Ich operierte vier Weibchen und einen Kater – gratis.

Auch der Mutter entfernte ich die Eierstöcke, bevor sie uns mit einem neuen Wurf kleiner Nassauer bedachte. Wir tauften sie nach der kurvenreichen Filmdiva »Mae West«.

Es war schon gut, daß Mae West bei uns ein Heim fand, denn wer sonst hätte sie aufgenommen? Erstens sah sie abgetakelt aus, und zweitens fehlte ihr gänzlich ein herzerquickendes Gemüt. Sie war ein aggressiver Schläger, der sich vor nichts und niemand fürchtete; kein Wunder, daß diese Landstörzerin im Lauf der Jahre Vertrauen und Charme eingebüßt hatte.

Zu unserer Überraschung vertrugen sich Mae West und Chi-Chi nicht gerade innig, aber immerhin auf Distanz, da ihr Lebensweg sich selten kreuzte. Chi-Chi weigerte sich strikt, das Haus mit einer anderen Katze zu teilen, und das war Mae West gerade recht. Sie hatte bislang im Freien gelebt und gedachte, es weiterhin so zu halten: Sie erschien zu den Mahlzeiten an der Hintertür und hielt im Garten ihre Verdauungsschläfchen. Jetzt gehörte sie zu einer Familie, aber die Illusion, in der Welt auf eigenen Pfoten zu stehen, blieb ihr erhalten.

Dieser Pakt funktionierte zur Zufriedenheit aller Camutis im Frühling und im Sommer, doch als die Tage kürzer und kälter wurden, sorgten wir uns um Mae. Wir hatten unseren reizlosen Rabauken liebgewonnen und wollten sie für den Winter ins Haus holen. Mae schien damit einverstanden, und nach einer Balgerei oder auch zweien würden unsere beiden Katzen sich zumindest dulden – so hofften wir.

Mae West überschritt also unsere Schwelle, und die Raufereien mit Chi-Chi nahmen ihren Anfang. Tag für Tag flogen die Fetzen, da beide kein Quentchen nachgaben. Jede Nacht fanden wir bei unserer Rückkehr Pelzbüschel im Haus verstreut, Zeichen eines neuen Kampfes.

Und plötzlich herrschte Frieden: Die Katzen hatten sich arrangiert. Chi-Chi regierte weiterhin im Haus, doch Mae hatte die Küche erobert. Gelegentlich drang die eine oder die andere in fremdes Terrain vor unter ungeheurem Knurren und Fauchen mit krummem Buckel, aber Prankenhiebe wurden kaum mehr ausgeteilt.

Die beiden Krieger alterten zusammen, jeder in seinem Reich, unnachgiebig knurrend und fauchend – da entwickelte Mae am Kinn einen bösartigen Tumor. Ich brachte sie in meinem Krankenhaus unter, und als die Schmerzen unerträglich wurden, schläferte ich sie ein.

Bis zu seinem Tod schlug Chi-Chi um die Küche einen Bogen – damit ehrte er einen ebenbürtigen Gegner. Chi-Chi wußte, daß Mae West gestorben war, dessen bin ich sicher.

Obwohl die Ärzte mir verboten hatten, weiterhin Haustiere zu halten, waren meine Klienten nicht bereit, mir die ihren vorzuenthalten. Sie warteten keineswegs meine Entlassung aus dem Krankenhaus ab, sondern meldeten sich, sobald durchsickerte, daß ich genau besehen gesund und munter war. Warum sollte ich Däumchen drehend im Bett liegen, wenn ihre Lieblinge mich brauchten? Daß die Spitalordnung Tieren den Zutritt nicht gestattete, beeindruckte die Entschlosseneren unter meinen Klienten nicht.

Mary Henle war die erste. Sie hatte sich nicht zur ordentlichen Professorin auf die oberste Sprosse der akademischen Leiter hochgekämpft, um von einem simplen Krankenhaus gebremst zu werden. Ihre Katze Guapo, ein robuster Veteran, benötigte dreimal in der Woche eine Spritze gegen seine Altersbeschwerden. Er war mit vierzehn Jahren mein Patient geworden – das Zeitliche sollte er als Methusalem von 21½ Jahren segnen –, und Mary hatte nicht die mindeste Absicht, ihren Guapo wegen einer pedantischen Spitalordnung zu verlieren.

Ich ließ Mary durch Alex mitteilen, sie möge nur anrücken. Und als der Herzspezialist, Dr. Kwit, bei der Visite hereinschaute, fragte ich voller Unschuld, ob er nicht zufällig eine Injektionsspritze entbehren könne.

»Was wollen Sie denn damit?« fragte er.

»Ach, nur so«, erklärte ich, »als Erinnerung an meinen Beruf, das muntert mich auf.« Mehr fiel mir dazu nicht ein, und Dr. Kwit musterte mich erstaunt. Ich brummte also:

»Vielleicht macht mich das Desensibilisierungszeug ein bißchen rammdösig – aber ich hätte wirklich gerne eine Injektionsspritze.«

Da holte er sie aus seinem schwarzen Arztköfferchen und verließ kopfschüttelnd mein Zimmer. Der gute Camuti wird auch ganz schön senil.

Unterdessen war Mary mit Guapo von Alex gegen Ende der Besuchszeit in die Eingangshalle bestellt worden; sie sollten wohl im Strom der heimwärts strebenden Besuchermassen untertauchen.

Doch Mary ließ sich auf eine derart schlichte Taktik nicht ein, o nein. Sie bot ihre gelehrte Zwillingsschwester Jane auf, die einen Lehrstuhl für Archäologie innehatte. Welche Funktion sie übernehmen sollte, wurde nie klar, denn der komplizierte Schlachtplan war bereits in Trümmern, als die Frauen sich durch die Drehtür ins Krankenhaus schoben.

Mary hatte Guapo in einen Kissenbezug gesteckt, was ihm gewaltig gegen den Strich ging. So protestierte er lauthals, und kaum betraten die Schwestern die Eingangshalle, steigerte sein Geschrei sich zu durchdringendem Geheul. Zu allem Unglück herrschte genau in diesem Augenblick Totenstille in der Halle. Jane mimte einen geräuschvollen Hustenanfall, während Mary zu Alex hinüberrannte, die neben den Fahrstühlen wartete, und sich dann mit ihrem Kissenbezug in den Lift schob. Sobald die Türen geschlossen waren, machte Mary das weiße Versteck einen Spaltbreit auf, der verängstigte Kater sah sie und beruhigte sich auf der Stelle.

Im Galopp erschienen Alex und Mary in meinem Zimmer, denn Guapo begann erneut, wie verrückt zu miauen. Da mir nur Sekunden zur Verfügung standen, ehe das Personal aufmerksam werden mußte, füllte ich eiligst die Spritze – Alex hatte mir meine medizinischen Utensilien am Nachmittag gebracht –, fühlte nach Guapos Hinterbein unter dem Kissenbezug und jagte – wumm! – die Ladung hinein. Wütendes Aufjaulen von innen, ich wußte, das hat hundertprozentig geklappt.

Unterdessen hatte Alex draußen einen Lift bereitgehalten, und Mary schlüpfte hinein. Guapos Gekreisch kümmerte sie nun nicht weiter. Doch unten in der Halle war keine Jane zu entdecken. Als sie auch nach zehn Minuten noch nicht aufgekreuzt war, schritt Alex entschlossen zum Empfangsschalter, deutete auf Mary und fragte den jungen Mann, ob er nicht eine Dame bemerkt habe, die jener dort aufs Haar gleiche.

In diesem Augenblick erschien Jane, völlig erledigt. Es stellte sich heraus, daß ihr künstlicher Hustenanfall so echt gewirkt hatte, daß zwei Assistenzärzte sie trotz ihrer Gegenwehr in die Notaufnahme geschleppt hatten – was sich als goldrichtig erwies, da ihre bravouröse Show den Kehlkopf gereizt hatte.

Ich nehme nicht an, daß Guapos Heulen mich dem Personal verraten hat, sondern daß sich einfach herumsprach, im Haus liege ein Katzendoktor. Ärzte, Krankenschwestern und Assistenten schauten laufend bei mir herein, um sich mal eben nach meinem Befinden zu erkundigen. Zuerst schrieb ich das meinem persönlichen Charme zu, bis mir auffiel, daß jede Unterhaltung zielsicher auf den Satz zusteuerte: »Übrigens habe ich auch eine Katze, und da möchte ich doch fragen . . .«

Wer immer im ganzen Krankenhaus eine Katze sein eigen nannte, bat um Rat oder wollte ein wenig über seinen Liebling klönen. Vom Bett aus bewältigte ich unvermutet eine Riesenpraxis. Erst gab ich bloß medizinische Anweisungen, bis eine Oberschwester ihre Katze zu mir hereinschmuggelte. Das ermutigte eine Praktikantin usw. Immerhin erleichterte es mein schlechtes Gewissen wegen Mary Henle nebst rebellischem Guapo.

An einem Nachmittag klingelte das Telefon neben meinem Bett, und es meldete sich die markige Stimme von General Schwengel, einem Klienten von mir. Er war sehr aufgebracht, daß ich wagte, im Krankenhaus zu liegen. »Kittys Fäden müssen raus!« bellte er.

Natürlich hatte er recht. Miß Kitty, seine Siamkatze, war von mir noch kastriert worden, bevor ich meine Allergie behandeln ließ.

»General«, sagte ich, »mein Vertreter ist ein ausgezeichneter Mann. Er wird Miß Kitty die Fäden entfernen.«

»Kommt nicht in Frage«, knurrte General Schwengel, »das ist Ihre Sache. Sie sind Kittys Arzt.«

Ich lachte. »Dann kommen Sie eben«, sagte ich. »Mit einigem Geschick können Sie Ihre Katze hier illegal einführen.«

»Abgemacht«, sagte er und legte auf.

Ich zweifelte keine Sekunde am Erscheinen von General Schwengel und Miß Kitty. Der General, Artillerieoffizier aus dem Ersten Weltkrieg, duldete keinen Widerspruch. Nach seiner Pensionierung im Rang eines Brigadegenerals stürzte er sich 1936 ins Wirtschaftsleben und brachte es bis zum Geschäftsführer von Seagram Distillers. In seinem zweiten Ruhestand lernte ich ihn dann persönlich kennen. Niemand brachte General Schwengel ins Wanken, das Doctors Hospital am allerwenigsten.

Er würde auch keinen feingesponnenen Plan ausklügeln wie Mary Henle, sondern als ein Mann der Tat den geraden Weg beschreiten. Wahrhaftig, er marschierte mit der Köchin, die Miß Kitty im Reisekorb hinter ihm hertrug, stracks zum Empfang und erkundigte sich nach meiner Zimmernummer. Er erhielt die gewünschte Auskunft – da fiel dem Mädchen hinter dem Schalter der Korb auf.

»Sie dürfen keine Tiere mitnehmen, das ist hier nicht erlaubt«, mahnte sie.

Das hält einen General nicht auf. Er winkte seiner Köchin und ging mit ihr im Schlepptau zu den Aufzügen, während das Mädchen am Empfang wie ein Außenbordmotor tuckerte: »Do-do-do-doch . . .«

»Was für ein idiotisches Krankenhaus ist dies eigentlich«, donnerte er, als er in mein Zimmer trat.

Ich entfernte die Fäden mit Hilfe einer Schwester, die mich mit Schere, Pinzetten und Alkohol versorgte. Während der ganzen nicht aufwendigen Prozedur stand der General in militärischer Haltung neben seiner Katze und flötete: »Gute Kitty, brave Kitty, der Doktor tut dir gar nicht weh, so ist's recht, du bist aber tapfer, mein Kleines.«

Danach wurde Miß Kitty wieder im Reisekorb verstaut, der General gab der Köchin ein Zeichen, und sie zogen ab. »Hände weg, oder ich schieße«, drückte die Miene des Generals aus.

In wenigen Tagen hatte sich der Besuch des Generals im Krankenhaus herumgesprochen. Mein Internist lachte herzlich – von Mary und Guapo wußte er nichts –, doch als er hörte, daß jede zweite Katze des Personals von mir behandelt wurde, verging ihm der Humor.

»Was ist daran so unrecht?« fragte ich ihn. »Mein Einzelzimmer kostet ein Sündengeld, und ich langweile mich hier zu Tode. Eine hübsche Schwester assistiert mir bei Bedarf, und die notwendige medizinische Ausstattung ist ebenfalls vorhanden.«

»So kann ich das nicht sehen«, meinte er.

»Überlegen Sie doch«, sagte ich. »Ich verschenke ein Vermögen, indem ich jetzt gratis praktiziere und keine Rechnungen stelle. Mit dem Honorar könnte ich dieses Zimmer bezahlen und noch einiges mehr.«

Das überzeugte ihn. Am nächsten Tag wurde ich entlassen.

4. Kapitel
Von mir über mich

Das hohe Alter – ich gehe auf die neunzig zu – hat den vielleicht einzigen Vorteil, daß man im Leben das Wichtige erkennen lernt oder zumindest das Unwichtige nicht mehr so ernst nimmt. So habe ich mich auch 1968 nicht weiter über die jungen Leute aufgeregt, die dieses abschaffen und jenes ändern wollten und den Sinn des Lebens in einem revolutionären Aufbruch suchten.

Das alles mußte sich überleben, das war mir klar. Ich bin kein Tüttelchen intelligenter als andere, aber wer sich so lange das Treiben dieser Welt angesehen hat, der weiß, daß die Zeit fast alles heilt und es unter der Sonne nichts Neues gibt. Wie erwartet, wurden aus den meisten langhaarigen Blumenkindern die Väter und Mütter von heute, die genauso angestrengt arbeiten wie die Generationen vor ihnen. Sie reden wohl anders als wir in ihrem Alter und vertreten ohne mit der Wimper zu zucken moralische Forderungen, die uns noch ins Gefängnis gebracht hätten, aber es steckt der gleiche Kern in ihnen. Wie wir wünschen sie für sich und ihre Kinder Sicherheit, Nahrung und ein bißchen Wärme, und sie möchten einen Partner, mit dem sie sich verstehen, denn das erweist sich als das Beständige der irdischen Tage, als das Wesentliche. Wir arbeiten mit zusammengebissenen Zähnen, weil wir nach Luxus und Reichtum streben, und sind am Ende mit dem Lebensnotwendigen zufrieden.

Wenn ich in meinem vollgestopften Gedächtnis herumkrame und mich frage, was mir in meinem Leben am wichtigsten war, so gibt es nur eine Antwort: der Beruf und Alexandra, meine Frau.

Das soll Kinder und Enkel nicht kränken: Natürlich sind sie mir wichtig, aber sie stehen an zweiter Stelle, denn sie führen ihr eigenes Leben. Die Camutis sind eine intakte Familie, wir lieben uns alle, doch Alex und mich verbindet etwas Besonderes. Jeder von uns hat seine Wurzeln im anderen: Wir lieben und wir brauchen einander. So soll es sein. Ich kenne Alex, seit ich neun Jahre alt war.

Nicht daß Alex mein ganzes Leben bestimmt hat, das stolze Camuti-Erbe und meine Militärzeit mußten ihre Spuren eingraben, aber sie wiegt das alles auf, und ihre unerschütterliche Zuneigung und Geduld wecken das Gute in mir. Ohne sie wäre ich ein schlechterer Mensch.

Zeit meines Lebens wurde ich so häufig als Kläffer, Zwerghähnchen, Geizkragen oder kleiner Napoleon qualifiziert, daß daran schon etwas Wahres sein muß, aber meine Frau war im April 1980 sechzig Jahre mit mir verheiratet – da kann es um mich nicht allzu schlimm bestellt sein.

Das »stolze Camuti-Erbe« stammt aus meiner oberitalienischen Familie, die ihren Stammbaum bis ins Jahr 1700 zurückverfolgen kann, ein Arzt folgte dem anderen. Die medizinische Fakultät in Parma wählte immer wieder einen Camuti an ihre Spitze, und einer dieser Vorväter erhielt den erblichen Grafentitel. Ein anderer Camuti stand als Leibarzt im Dienst der Herzogin von Parma, einer Tochter des Königs von Spanien. Wenn wir die Uhr zurückdrehen könnten, wäre ich in Italien Graf Louis Joseph Camuti. Statt dessen lebe ich in Amerika als ein Conte ohne Konto – und schere mich nicht drum.

Mein Großvater brach als erster mit der Familientradition und wurde Tuchfabrikant. Sein Sohn Gaspare, mein Vater, studierte wieder Medizin, übernahm aber nach Großvaters Tod das Unternehmen, um die Familie zu ernähren.

Ich wurde 1893 geboren, und als ich neun Jahre alt war, kaufte mein Vater Schiffskarten erster Klasse auf der *Gascogne* und verfrachtete die ganze Familie nach Amerika. Dort bezogen wir unsere erste Wohnung in Greenwich Village.

Meinen ersten Tag in den USA werde ich nie vergessen. Es war der 17. März 1902, St.-Patrickstag, und ich kehrte von meinem ersten Ausflug in die Nachbarschaft mit zwei blauen geschwollenen Augen heim. Vielleicht mißbilligte die Bande der Jungens aus unserer Straße, daß ich am St.-Patrickstag italienisch sprach – ich konnte aber nur italienisch. Oder es irritierte sie meine Eleganz. Kurz, ich verstand kein Wort von dem, was sie sagten, bevor sie auf mich eindroschen.

Da mein jüngerer Bruder und ich während der ersten Wochen im Quartier wie Aussätzige behandelt wurden, hielten wir eng zusammen. Unsere Kleidung, unsere Sprache – ein reines Italienisch ohne Dialekteinschlag – und unser Nationalstolz machten uns zur Zielscheibe von Hohn und Spott, bis sich eines Tages alles, alles änderte.

Wir beide schlenderten durch den Washington

Square Park, nach allen Seiten auslugend, um jähen Angriffen entwischen zu können, als wir vor uns plötzlich eine Mutter mit zwei Kindern entdeckten, die gekleidet waren wie wir. Lachend – zum erstenmal seit Wochen – und zappelnd vor Erregung schlossen wir eilig Bekanntschaft mit ihnen, endlich war der Bann der Einsamkeit gebrochen. Ich wußte damals noch nicht, daß das niedliche kleine Mädchen, Alexandra Landi, eines Tages meine Frau werden sollte.

Wir Italiener fielen uns in die Arme, und zwischen den Landis und den Camutis begann eine lebenslange Freundschaft. Alexandras Vater war Bildhauer wie auch sein Schwiegervater, Alessandro Biggi, der in Carrara die Bildhauerschule leitete und als Bürgermeister amtete.

Wir liebten uns alle, wir brauchten uns und konnten miteinander reden in diesem verwirrend neuen Land, in dem die Italiener englisch sprachen oder einen unverständlichen Dialekt.

Die Freundschaft wurde durch unseren Umzug in die Upper Bronx nicht beeinträchtigt. Dort ging ich dann zur Schule, bis ich das einzige Technikum der Stadt in Manhattan besuchte, was einen Weg von zwei Stunden hin und zurück bedeutete. Während meine Familie sich auf ihre Ahnen viel zugute tut, erfüllt mich mit dem größten Stolz, daß ich am Gymnasium mit Auszeichnung abschloß und in den Club der besten Ehemaligen aufgenommen wurde. Und dabei habe ich erst mit neun Jahren Englisch gelernt!

Wie meine englischen Sprachkenntnisse, so entwickelte sich auch meine Person, allerdings nicht in die Länge: Die 180 cm des Durchschnittsamerikaners habe ich nicht annähernd erreicht. Doch aus dem Knaben wurde ein junger Mann, und damit wandelten sich auch meine Gefühle für Alexandra Landi. Auf einmal war sie nicht mehr der Kamerad, mit dem man Pferde stehlen ging, sondern mein geheimer Schwarm und dann meine große Liebe, die ich einmal heiraten wollte.

In diesen Jahren hatte sich mein Vater als erfolgreicher Importeur italienischer Erzeugnisse etabliert, und er konnte es sich leisten, mich auf ein College zu schicken. Da die landwirtschaftlichen Maschinen damals motorisiert wurden, ich außerdem ein makelloses Italienisch sprach – dank der Grammatikpaukerei mit meinem Vater am Sonntagmorgen –, sah ich mich schon in Oberitalien als Vertreter einer amerikanischen Firma, die landwirtschaftliche Maschinen produzierte und die mit mir während meines Studiums in Cornell Verbindung aufgenommen hatte. Neben meinen Pflichtfächern in Agronomie belegte ich auch noch Wahlvorlesungen, und immer gaukelte mir das Bild vor Augen, wie Alex und ich als Mann und Frau von einer Villa herab auf die italienischen Reben schauten, gegrüßt von lächelnden Gesichtern.

Mein Traum zerplatzte 1914, als mir die Firma mitteilte, nach Europa würden jetzt für eine lange Zeit keine landwirtschaftlichen Maschinen, sondern Kanonen verschifft. Ich wollte nun getreu der jahrhundertealten Familientradition Arzt werden und warf eine Münze: Kopf bedeutete Veterinär-, Zahl Humanmedizin. Kopf war oben. Im nächsten Semester schuftete ich für zwei, indem ich das begonnene Agronomiestudium weiterführte und dazu veterinärmedizinische Vorlesungen belegte.

Ich verlobte mich mit Alex, wechselte von Cornell an die New Yorker Universität, um näher bei meiner Braut zu sein, und arbeitete zeitweilig in der Praxis eines Tierarztes, Dr. Miller.

Wie alle Verliebten wollte ich etwas ganz Wunderbares vollbringen, um meinem Mädchen zu zeigen, daß ich ihrer Liebe wert war. Ich spielte mich vor Alex als der große Tierarzt auf und kastrierte ihre graue Perserkatze Suzette. Nicht daß ich Suzette unter das Messer brachte, um Ehre und Ruhm einzuheimsen – sie hatte einfach das entsprechende Alter, und wer konnte die Operation besser ausführen als der Dr. in spe Camuti? Ich hatte noch nie eine Katze kastriert, aber theoretisch wußte ich genau Bescheid. Der große Zampano bat natürlich auch nicht seinen Mentor Dr. Miller um Beistand. So wurde es die längste und mühseligste Operation meiner ganzen Laufbahn. Zum Glück überlebten Suzette und ich, und Suzette war fair genug, mir nichts nachzutragen.

Als sich Amerikas Eintritt in den Ersten Weltkrieg deutlich abzuzeichnen begann, meldete ich mich freiwillig. Ich hatte das Gefühl, dies dem Land zu schulden, in dem meine Familie Heimat und Wohlstand gefunden hatte. Als Medizinstudent wurde ich jedoch abgelehnt. Mein Herzenswunsch, bei der Veterinärtruppe unterzukommen, hatte ohne abgeschlossenes Studium auch keine Aussicht auf Erfolg, aber waren denn die zwei Jahre mit vormilitärischer Ausbildung in Cornell zu nichts nütze? 1916 beschloß ich, es bei der Kavallerie zu versuchen.

Einer meiner Professoren empfahl mich einem Tierarzt vom Ersten New Yorker Kavallerieregiment, das bei Ebbet's Field in Brooklyn stationiert war. Dieser verwies mich an einen Major, der mich mochte und erreichte, daß ich wenigstens gemustert wurde.

Bei der Kavallerie war es damals Vorschrift, daß ein Rekrut für jeden Zentimeter Körpergröße 400 Gramm Gewicht aufweisen mußte. Bei meinen 167 cm fehlten mir jedoch 7½ Pfund zu den verlangten 66,8 kg – ich war den Tränen nahe. Das rührte den Militärarzt, der mich untersuchte, und er sagte: »Ich tue etwas ganz Unorthodoxes. Ich gehe jetzt aus dem Zimmer und schließe die Türe. Den Wasserhahn dort drüben werden Sie bemerkt haben.«

Kaum hatte er die Türe hinter sich geschlossen, sauste ich zum Wasserhahn und trank. Ich schluckte und schluckte, bis meinem Bauch eine Überschwemmung drohte. Der Arzt kehrte zurück, stellte mich auf die Waage, und bis auf 1½ Pfund stimmte mein Gewicht. Ich hatte die Musterung bestanden!

Der Heimweg in die Bronx zu meinen Eltern war ein Alptraum; ich watete sozusagen in die Subway und stieg bei jeder Station aus, um auf das Männerklo zu rennen. Während der Fahrt betete ich, daß der Zug ja nicht steckenbleibe, damit ich nicht als öffentliches Ärgernis Anstoß erregen würde.

Gegen Ende 1916 wurde ich zur Nationalgarde eingezogen und patrouillierte abends vor einem Wasserreservoir in Elmshorst bei New York, um es vor drohenden Angriffen der Deutschen zu bewahren. An anderen Abenden trainierte ich mit anderen Rekruten in Brooklyn. Und lange Nachtstunden verbrachte ich auf der Fahrt in die Bronx, wo ich mich übermüdet auf meinen Lernstoff zu konzentrieren suchte.

Es dauerte nicht lange, bis mich der zuständige Dekan der New Yorker Universität zu sich bestellte, nachdem er von meinem abendlichen Einsatz gehört hatte. »Unmöglich!« sagte er, meine Noten seien derart miserabel, daß ich das Studienjahr wiederholen müsse. Ich sah mich dabei nicht weniger müde über meinen Büchern hängen und beschloß, meine Ausbildung bis nach dem Krieg zu unterbrechen.

Kaum hatte ich gelernt, mich auf einem Pferd einigermaßen im Sattel zu halten, als aus Frankreich die Nachricht eintraf, man brauche keine Pferde mehr. Die Kavallerie wurde pferdelos.

1917 wurde ich nach Südcarolina ins Camp Wadsworth versetzt. Dort reihte sich Viehhürde an Viehhürde, vollgestopft mit Pferden, für die Artillerie und Kavallerie keine Verwendung mehr hatten. Wachtmeister Camuti befand sich offensichtlich nicht im Brennpunkt des Kriegsgeschehens.

War das Leben dort anfangs trostlos, so verwandelte es sich bald in die Hölle, denn unter den Pferden brach die Maul- und Klauenseuche aus. Wir erhielten von oben den Befehl, die kranken Tiere zu töten. Das konnte doch nicht mein Job sein, nachdem der ganze Platz von Tierärzten wimmelte? Als ich sah, wie die Tiere umgebracht wurden, begriff ich rasch, warum der Schwarze Peter bis zum Wachtmeister herab weitergereicht worden war.

Eine eklige, eine widerliche Arbeit! Die Pferde wurden erschossen. Da häufig genug die Kugel abprallte oder der Schütze daneben traf, mußten die Tiere sehr leiden. Das wollte ich ändern; wenn ich schon die Aufgabe übernahm, sollte der Tod zuverlässig, schnell und schmerzlos eintreten.

Soldaten errichteten für mich zwei parallele Schranken, eine Pferdebreite auseinander, mit einer Plattform auf der einen Seite. Ich postierte mich dort mit einer Spritze, das Tier wurde hereingeführt, und ich injizierte direkt in die Halsschlagader Strychnin. Das Pferd kippte tot um, ohne etwas zu empfinden. Nur ich litt heftig, weil ein solch schönes und vertrauensvolles Tier sterben mußte.

Ich sagte mir wieder und wieder, daß dieses Tier krank war, rettungslos krank. Ersparte ich ihm nicht Schmerzen? Doch das mußte ich mir jeden Tag neu einhämmern, obwohl ich genau wußte, daß ein Tierarzt nicht bloß einer Hundemutter bei der Geburt ihrer Welpen hilft, sondern auch Leiden mit dem Frieden des Todes beenden muß. Ich war einfach zu jung. In diesem Alter denken alle Medizinstudenten an die Erhaltung des Lebens, erst später merken sie, daß der Tod dazugehört.

Bei meiner Entlassung im Januar 1919 hatte die Grippeepidemie auch unser Camp erreicht. Über hundert Mann starben. Ich weiß nicht, warum man mich heimschickte, vielleicht weil ich die ersten Symptome der Krankheit verschwieg. Auf jeden Fall rückte Leutnant Camuti mit 40 Grad Fieber zu Hause an. Ich war wohl etwas umnebelt oder zu verliebt, um einen klaren Gedanken zu fassen außer dem einen, daß ich meine Braut viel zu lange nicht gesehen hatte. Diese lausigen 40 Grad Fieber konnten doch einen Leutnant nicht bremsen. In meinem Zimmer zog ich den Mantel aus, dann trabte ich in meiner Uniform davon. Mal war mir heiß, mal fröstelte ich, aber zielbewußt strebte ich in die Stadt zu Alexandras Büro. Zum Glück hielt mich ein Quentchen Vernunft von dem Begrüßungskuß zurück – unserer Romanze hat es nicht geschadet.

Mit der Zeit verflog mein Fieber, aber nicht mein Gefühl für Alexandra Landi – der »kosmische Drang«, wie ich es nannte. Ich wollte sofort heiraten. Fünf Jahre Verlobungszeit, in der ich nie allein war mit meiner Liebsten, schienen mir unerträglich lang. Warum also warten? Ich konnte doch eine Frau erhalten. Als Leutnant stellte ich etwas vor, und dazu konnte ich mit zwei Fingern Maschineschreiben. Ich verstand auch etwas von Verwaltung. Jede gewitzte Firma mußte sich gratulieren, einen solchen Veteranen auf einem wichtigen Posten einzusetzen.

Ich besprach meine Pläne mit meinem Vater, der mir den Kopf zurechtrückte. Mit meiner landwirtschaftlichen Ausbildung käme ich in einer Stadt wie New York nicht weit. »Und was du beim Militär gelernt hast, kannst du glatt vergessen. Ich rate dir, schließe dein veterinärmedizinisches Studium ab. Wenn du nach dem Examen diesen Beruf nicht ausüben willst, kannst du dir ruhig etwas anderes suchen, aber du hast immerhin einen Abschluß, auf den du zurückgreifen kannst.«

Er hatte die Vernunft auf seiner Seite, und das wußte ich schon, als ich mit ihm stritt, um ihn mit meinen Argumenten zu überzeugen. Als ich den »kosmischen Drang« anführte, lächelte er, da kenne er ein Heilmittel: kalt duschen. »Tu, was ich sage, Louis. Studiere jetzt fertig und heirate nachher. Ihr könnt auf meine Kosten ein Jahr Flitterwochen in Europa machen, und für deinen beruflichen Start erhältst du fünftausend Dollar.«

Ich begann kalt zu duschen und kehrte an die Universität zurück.

Nach einem Jahr – was mir eine Ewigkeit schien – machte ich mein Examen. Keine drei Monate später heiratete ich am 6. April 1920. Nach einer solchen Wartezeit wirkt unser Verhalten nach der Hochzeit leicht verrückt. Es muß aber damals seinen Grund gehabt haben.

Als das Fest vorüber war, gingen wir keineswegs schnurstracks im Hotel Pennsylvania auf unser Zimmer, das für Herrn Dr. und Frau Camuti reserviert war, sondern besuchten den Zirkus im alten Madison Square Garden.

Auch danach kam der »kosmische Drang« nicht zu seinem Recht: Auf unserem Hotelzimmer sammelten wir die ganze Nacht Reiskörner auf, die aus unseren

Kleidern und dem Gepäck rieselten, denn es sollte keiner im Haus ahnen, daß wir hier unsere Hochzeitsnacht verbrachten.

Am nächsten Morgen schifften wir uns nach Europa ein. Endlich begannen unsere langen Flitterwochen, kein verräterischer Reis rollte über den Boden, kein Mensch störte uns, doch als das Schiff ablegte, sank Alex seekrank ins Bett und war die ganze Reise über den Atlantik nicht mehr zu sprechen. Ich duschte weiterhin kalt. Wir könnten ohne weiteres ins Guinness-Buch der Rekorde aufgenommen werden, denn das muß ein Rekord sein: »Die Braut, die zwei Wochen lang Jungfrau blieb im trauten Beisammensein mit ihrem Gatten, der fast sechs Jahre dem großen Moment entgegenfieberte.«

Natürlich änderte sich alles, sobald wir festen Boden unter den Füßen hatten. Wir machten das Haus von Alexandras Großeltern in Carrara zu unserem Basislager, fuhren von dort aus kreuz und quer durch Italien und liebten uns immer inniger. In Venedig – wir verbrachten dort einen traumhaften Monat – fanden unsere Flitterwochen unerwartet ein Ende: Alex erwartete ein Baby.

Wir kümmerten uns sofort um die Rückreise, denn unser erstes Kind sollte in den Vereinigten Staaten geboren werden. Und an dem Tag, da Warren Gameliel Harding sein Amt als amerikanischer Präsident antrat, am 6. März 1921, kam Nina, das ältere unserer beiden Kinder, zur Welt. Wir wohnten bei Alexandras Mutter in der Bronx. Ich war ein stolzer Vater, doch ein besorgtes Familienoberhaupt: Wie würde ich ausreichend Geld für die Meinen verdienen? Die Leute rannten mir nicht gerade die Tür ein.

5. Kapitel
Mein erster Fall

Während ich vergessen habe, wie meine erste Klientin ausgerechnet auf mich verfallen ist – sie wohnte in Brooklyn und ich am anderen Ende der Stadt in der Bronx –, sind mir alle Einzelheiten des Falles in Erinnerung geblieben. Sollte die Dame noch leben, wird sie sich auch noch an mich erinnern, darauf wette ich.

Es war an einem gewöhnlichen Werktag, und ich las die Zeitung von vorn bis hinten, um mich über die neue Welt nach dem Kriegsende zu informieren. Alles änderte sich in Amerika, sogar die Praxis eines Tierarztes. Bislang hatte der Veterinär vorwiegend Pferde behandelt, und vorwiegend mit Pferden hatte ich mich abgegeben, aber plötzlich verschwanden sie von der Bildfläche. Das Auto eroberte die Gunst der Leute, es vertrieb die Wagen-, Kutschen-, Feuerwehr- und Pferdebahnpferde von der Straße. Rümpfte früher ein Tierarzt die Nase, wenn er zu einem Haustier gerufen wurde, so riß er sich jetzt darum. Mein Problem war allerdings nicht die Umstellung einer einst blühenden Pferdepraxis auf Katzen und Hunde, sondern das Auffinden irgendeines Patienten.

Da klingelte das Telefon. Eine warme, traurige Frauenstimme sagte: »Herr Dr. Camuti, können Sie zu mir nach Brooklyn kommen? Tinichen, mein Hund, muß eingeschläfert werden.«

Ich hielt mich nicht mit Fragen auf: Ich sei schon unterwegs, versicherte ich eifrig.

Mein Geld reichte eben für Hin- und Rückfahrt sowie für eine Flasche Chloroform, die ich in der nahen Apotheke noch kaufen mußte. Erst in der Subway grübelte ich darüber nach, was Tinichen wohl fehlen könnte – einem kleinen Hund von der Größe eines Spaniels, vermutete ich –, daß er sterben sollte.

Heute würde ich ein solches Verlangen ablehnen, bis mich eine gründliche Untersuchung des Tieres überzeugt hätte, daß ein Weiterleben nicht zu verantworten sei. Aber damals war ich jung, naiv und wild entschlossen, der Welt und mir meine Fähigkeiten zu beweisen. Und dazu brauchte es mindestens einen Klienten – und hier war er.

Nach ungefähr zwei Stunden hatte ich die Adresse, eine Wohnung im dritten Stock eines Backsteinhauses, gefunden. Eine schlanke Frau mittleren Alters öffnete mir die Türe mit bekümmertem Gesicht. Hinter ihr ertönte kräftiges Bellen.

Tinichen entpuppte sich als springlebendiger Bernhardiner. Mir verschlug sowohl die Größe als auch die scheinbar blendende Gesundheit des Tieres den Atem. Aber der Hund mußte ja krank sein, wenn die Frau darauf bestand, ihn einschläfern zu lassen. Zu jener Zeit zweifelte ich noch nicht am Verstand meiner Mitbürger und setzte auch voraus, daß alle Halter von Tieren ihre Schützlinge liebten.

Heute weiß ich es besser, wie gesagt: »Alle meine Klienten sind normal, nur einige sind normaler als die anderen.« Ich bat die Frau, ihren Hund ins Badezimmer zu führen, und folgte ihr. Sie wandte sich an mich: »Sie werden gewiß verstehen, daß ich jetzt nicht in der Wohnung bleiben kann. Ich gehe spazieren, bis Sie fertig sind, und komme dann zurück.«

Ich nickte, während sie hinter sich die Badezimmertüre schloß, setzte mich auf den Toilettendeckel und fischte das Chloroform aus meiner Tasche. Ich holte ein Handtuch von der Stange neben dem Waschbecken, öffnete die Flasche und – das war mein ganz großer Fehler! – vergaß, daß dieser winzige Raum keine Lüftung hatte. Wahrscheinlich war ich vor Aufregung etwas kopflos, zudem mußte ich immer von Tinichen weggucken, die mir die Hand leckte.

Ich schüttete Chloroform auf das Handtuch – und verlor das Bewußtsein.

Als ich wieder zu mir kam, lag ich auf dem Boden des Badezimmers, Tinichen leckte mir das Gesicht ab, und bitterböse starrte ihr Frauchen auf mich herunter.

Ich rappelte mich auf und hielt mich am Waschbecken, denn das Zimmer schien sich zu drehen, und meine Beine waren schwabbelig wie Pudding. Die Frau öffnete den Mund, aber ich schnitt ihr das Wort ab. »Kein Honorar!« murmelte ich und stolperte aus der Wohnung.

Das war nicht gerade ein fulminanter Start als Tierarzt.

Meine erste Praxis richtete ich in New Rochelle ein. Auf Umwegen hatte ich erfahren, daß die Stadt den Posten eines Veterinärs neu besetzen mußte, ich sprach bei dem zuständigen Amt vor und erhielt die Stelle. An der Hauptstraße direkt neben der Polizeiwache mietete ich in einem Haus den zweiten Stock und wartete auf Patienten. Diesmal würde die Praxis schnell anlaufen, davon war ich überzeugt. Hier hatten die Leute Geld.

Der Höhepunkt meines dann doch sehr kurzen Aufenthaltes jagt mir noch immer kalte Schauer über den Rücken, sooft ich mich daran erinnere. In New Rochelle breitete sich damals eine Tollwutepidemie aus, und eines Morgens rief mich die Polizei an, auf der Wache befinde sich ein herrenloser, seuchenverdächtiger Hund, den man erschießen müsse, ich möchte doch hereinschauen, um sein Gehirn zu untersuchen und eine amtliche Bescheinigung auszustellen.

Beim ersten Blick sah ich, daß der Hund die Tollwut hatte. Er war im Parterre an einem Pfosten angebunden und glotzte mich leise knurrend an. Neben mir standen zwei Polizeioffiziere mit gezogenem Revolver. Der erste feuerte einen Schuß ab: Die Kugel verfehlte das Tier, zerfetzte jedoch die Leine, und der Hund hechtete auf mich zu – mein letztes Stündlein schien gekommen. Da streckte der zweite Polizist das Tier mit einem Schuß nieder.

Bald darauf verließ ich New Rochelle nicht wegen meines Hundeabenteuers, sondern weil der Nachkriegsboom vorbei war. Die Einwohner von New Rochelle mußten wie alle anderen Leute den Dime dreimal umdrehen, bevor sie ihn ausgaben. Wenn ich ein Tier behandelt hatte, hörte ich unangenehm häufig von seinem Besitzer den Wunsch: »Bitte, geben Sie mir Kredit!« Davon konnte ich nicht leben. Sollte ich schon Hungers sterben, dann doch am liebsten in New York. So eröffnete ich meine nächste Praxis in Greenwich Village über einem Kaffeegroßhandelsgeschäft, das ein Vetter von Alex betrieb. Die meisten Anrufe erhielt ich von meiner Frau, die sich erkundigte, ob das Telefon auch klingle. Ja, gewiß, sooft sie anrief. Die übrige Zeit versuchte ich herauszufinden, warum alle kranken Katzen und Hunde von Greenwich Village kerngesund geworden waren, seit ich mich in ihrer Nähe niedergelassen hatte.

Zum Glück war ich nicht auf die Haustiere meines Viertels angewiesen, das Gesundheitsamt der Stadt New York stellte mich nämlich als Tierinspektor ein. Für 1700 Dollar im Jahr beschäftigte ich mich nun fünf Stunden am Tag mit dem Abstempeln von Polizeiberichten über Hundebisse oder kontrollierte die Schlachthäuser und Metzgereien.

Mit meiner Arbeit für die Stadt, dem Aufbau der Praxis und dem Pendeln in die Bronx war ich voll ausgelastet, aber ein Krösus wurde ich nicht. Immerhin ging es aufwärts. Mein Telefon klingelte jetzt häufiger, und daraus schloß ich, daß zufriedene Klienten mich weiterempfohlen hatten. Und im Dezember 1923 zeigte ich die Geburt eines Sohnes an: Mit Louis jr. war die Familie Camuti komplett.

Plötzlich steckten wir mitten im Jahr 1929, und am 24. Oktober brach die Weltwirtschaftskrise über uns herein. Ich saß bis spät in die Nacht in unserem Wohnzimmer – Alex und die Kinder schliefen –, starrte durch das Fenster auf die vorüberfahrenden Autos, während mir die Sorgen über unsere Zukunft schier das Herz abdrückten.

Da stand Alex im Türrahmen. Sie riß mich aus meinem Brüten: Es sei zu nichts nütze. Wozu dieses Selbstmitleid? »Das schaffen wir schon«, sagte sie, »das wäre ja gelacht.«

Ich nahm ihre Hand. Das war Alex, mein Kamerad, der treu an mich glaubte.

»Sieh doch beide Seiten«, meinte sie. »Du kannst

die ganze Nacht mit deinen Sorgen aufbleiben oder erst schlafen und dir ausgeruht am Morgen den Kopf zerbrechen.«

Meine Frau hat immer mit geschickter Hand alles für mich in die richtige Ordnung gebracht.

Kurz danach besuchte ich auf Anraten eines Freundes Grace Agramonte, Präsidentin der Gesellschaft zur Rettung Ertrinkender in Mount Vernon bei New York. Sie bestätigte mir, was als Gerücht zu mir gedrungen war, daß Mount Vernon einen zweiten Tierarzt brauche. Das neben ihrem eigenen gelegene Schindelhaus stehe leer und tauge vorzüglich zu einem Tierspital. Sie half mir auch, am Harding Parkway eine Bleibe für meine Familie zu finden.

Wir vier Camutis, meine Schwiegermutter und unsere beiden Lieblinge, Suzette und Fluffy, zogen also um. Entweder machten wir mit Mount Vernon einen Treffer, oder es schwammen uns die letzten Felle davon. Ich bekämpfte eine schwarze Ahnung, diese Stadt könnte für mich ein zweites New Rochelle werden. Alex und die Kinder sollten von meiner Angst nichts merken. Wie Alex zumute war, hat sie mir nie verraten.

Mount Vernon erwies sich als das große Los. Hier verschrieb ich mich meinem Beruf mit Leib und Seele. Als Arzt, der tagaus, tagein Tiere heilte, lernte ich das wahre Glück kennen. Ich führte wie später an der Park Avenue eine ganz normale Praxis und bestellte wie alle Veterinäre meine Tiere zu mir – Hausbesuche bei Katzen führte ich erst viel später ein.

Wahrscheinlich würde ich als Tierarzt nicht die Hälfte jener Reichtümer verdienen, die ich einmal Alex zu Füßen hatte legen wollen, aber sie störte das nicht. Wir waren beide zufrieden, und das genügte uns.

6. Kapitel
Gedenkblatt für George

Wenn ich in meiner Klientenkartei stöbere, bin ich jedesmal überrascht, wie viele Namen mir nichts mehr bedeuten, obwohl ich eine Reihe von Hausbesuchen oder mehrere Termine für meine Sprechstunde notiert habe. Dagegen kann eine andere Karte mit einer einzigen Eintragung mich sofort lebhaft an die betreffende Person erinnern.

Mein Gedächtnis sortiert die Leute wie ein Sieb, die einen fallen hindurch, die anderen bleiben hängen. Und hängen bleiben vor allem die markanten Klienten. Sie prägen sich ein, weil mich mit ihnen im Laufe der Zeit eine Freundschaft verbindet oder weil eine besonders freundliche Geste sie hervorhob. Auch auf die Exzentriker, »die normaler sind als die anderen«, besinne ich mich ohne weiteres. Da dieses Buch – wie Sie wohl bemerkt haben – zu einem großen Teil von mir handelt, kommt eben darin vor, wer mich im Guten wie im Bösen beeindruckt hat – und nicht immer war eine Katze der Anlaß.

Reuben Crispell zum Beispiel, ein sehr erfolgreicher Anwalt, besaß einen Airedale-Terrier Franzl, den ich ärztlich betreute. Doch um den Hund geht es hier nicht, sondern um ein Nummernschild, weswegen ich Reuben Crispell nie vergessen werde.

Zusammengeführt hat uns beide der Franzl. Mr. Crispell war beruflich oft verreist, darum schickte er seinen Hund im Sommer zu mir in Pension, solange seine Familie in Vermont lebte. Ich muß ihn gefragt haben, warum Franzl nicht mit aufs Land fahren durfte, doch ist mir seine Antwort entfallen. Bei uns war der Hund stets ein hochwillkommener Gast. Ob Franzl ebenso begeistert war, bezweifle ich.

An einem schönen Sommermorgen rief mich Reuben Crispell von seinem Haus in Bronxville an – er wohnte knapp zwei Kilometer von mir entfernt – und knurrte ins Telefon:

»Camuti, wo ist Franzl?«

»Wieso? Im Augenblick sollte er im Tierspital von George gebadet werden. Ist was los?«

Crispell entgegnete wütend: »Jawohl. Ich stehe in meinem Badezimmer, rasiere mich und schaue aus dem Fenster. In unserem Swimming-pool planscht Franzl.«

Ich sprach mit George Mosby, meinem Assistenten. Wahrhaftig, der Hund war ihm beim Baden entschlüpft und aus dem offenstehenden Parterrefenster gesprungen. Dem Mann fiel ein Stein vom Herzen, als er von Franzls Heimkehr hörte.

»Der spült sich jetzt im Swimming-pool die Seife ab«, meinte er.

Zum Glück grollte mir Reuben Crispell nicht lange, sonst hätte er sich kaum um das von mir ersehnte Nummernschild bemüht.

Aus einer unerklärlichen Liebe zu allen Gags und Verrücktheiten wünschte ich mir nicht das für einen Tierarzt übliche polizeiliche Kennzeichen DVM

(Doktor der Veterinärmedizin), sondern eines, auf dem VD 1 prangte. Durch das Spiel mit den Buchstaben schmückte ich mich mit einem Orden für amerikanische Offiziere (Volunteer Decoration).

Alex schlug das Herz nicht höher, als wir das Schild an meinem Wagen befestigten, aber mir. Mich erheiterten die verblüfften Blicke der Fußgänger, sobald ich parkte, oder die hochgezogenen Augenbrauen des Fahrers hinter mir, was ich im Rückspiegel beobachtete. Denn mein polizeiliches Kennzeichen bot einen doppeldeutigen Witz: VD steht ja im Englischen für Venereal Disease = Geschlechtskrankheit. Anfangs mußte ich lachen über die Kinder, die einander zuriefen: »Hände weg von diesem Auto, oder du steckst dich an!« Und die Polizisten schmunzelten, wenn sie mich wegen verbotenen Parkens aufschrieben. Aber mit der Zeit nutzte sich die Komik ab – und in jener Nacht, als ich an der Ampel Ecke Park Avenue und 33. Straße wartete, verging mir diese Sorte Humor ganz und gar. Zwei Matrosen, stockbesoffen, wie mir schien, grölten, umgeben von neugierigen Zuhörern, eine Zote nach der anderen aus einem unerschöpflichen Fundus, während ich mit roten Ohren eine Ewigkeit stehenblieb. Endlich schaltete die Ampel um. Als ich Gas gab, dröhnte hinter mir her: »Und dieser Saukerl tut sich auch noch dicke damit!«

Das gab mir den Rest. Ich tauschte mein unschickliches Nummernschild ein gegen das landläufige DVM.

Das habe ich zwar auch nicht mehr, denn mir fiel dann ein neuer Witz ein. Dank zahlreicher Freunde erhielt ich das fünfzehn Jahre lang heiß begehrte polizeiliche Kennzeichen, das mir auf einer Mammut-Party am 5. Oktober 1976 überreicht wurde. Ich war überwältigt, daß all die Leute, die einander zum Teil gar nicht kannten – Alex hatte Namenlisten und Adressen ausgeschrieben –, mir ein so herrliches Fest ausrichteten.

Dieses Nummernschild war das Geschenk meines Lebens. Man hatte den früheren Bürgermeister von New York, John V. Lindsay, gebeten, durch ein freundschaftliches Telefongespräch mit dem Leiter des Verkehrsamtes in Albany die Sache zu schaukeln. Von diesem denkwürdigen Tage an bis zu meinem letzten Fahrstündlein bin ich der Mann am Steuer jenes Wagens, auf dessen polizeilichem Kennzeichen Ihnen – falls Sie durch New York bummeln – CAT ins Auge springt. Ehre den Katzen und dem Katzendoktor.

Doris Bryant, aus dem Westen nach New York gezogen, liebte Katzen ganz allgemein und die Siamesen im besonderen, die sie auch züchtete. Nebenbei bemerkt, unter dem bestimmenden Einfluß von Doris entwickelte ich mich vom Tierarzt für Haustiere zum Katzenspezialisten.

Doris hatte einen sehr blassen Teint, ihre Haut erinnerte an Alabaster, ihre Figur an eine zerbrechliche, zum Leben erwachte Statue. In meinen Augen glich sie der riesigen Siamkatze aus Keramik, die in dem Schaufenster ihres Ladens thronte. Doch der kühle Schein trog: Doris besaß Wärme, Direktheit und Charakterstärke. Ihr Laden in Greenwich Village führte nur Katzenaccessoires, es gab einfach alles, was sich ein Katzenhalter wünschen konnte: Kratzbäume, Toiletten, Reisekörbe, Spielzeug. Die Kunden kamen aus allen Stadtteilen zu ihr, um sich beraten zu lassen. Wen Doris nicht leiden mochte, setzte sie allerdings hochkant wieder an die Luft. »Wir haben nichts für Sie«, sagte sie dann oder noch unverblümter: »Sie lieben Katzen zu wenig, raus mit Ihnen.«

Unsere Freundschaft begann Mitte der Dreißiger Jahre, als ich zum erstenmal eine ihrer Katzen behandelte. Seit diesem Hausbesuch ernannte Doris mich zum Leibarzt für alle ihre Tiere, und wenn ein Kunde in ihrem Laden nach der Adresse eines Veterinärs fragte, empfahl sie nur mich.

Damals waren keine Arzneimittel für Katzen auf dem Markt, denn die Pharmaindustrie sorgte allein für Hunde. Doris ermunterte mich, Medikamente speziell für Katzen herzustellen, die sie auch in ihrem Laden anbot oder auf Bestellung per Post verschickte, bis der Versand von Pharmaka 1938 gesetzlich verboten wurde.

Doris inserierte in den Zeitschriften für Haustiere, fein säuberlich rubriziert:

Medizin 1 – gegen Erbrechen
Medizin 2 – gegen dies oder das
und so weiter.

Ich erhielt von ihr keinen Cent Tantieme, aber das machte mir nichts aus, ich war schließlich Arzt, nicht Apotheker, und wollte kranken Katzen helfen, die wegen ihres abgelegenen Wohnorts von keinem Tierarzt betreut werden konnten. Und Doris wollte ich helfen, sich während der Depression über Wasser zu halten.

Wir vereinbarten darum, daß sie mir die Kosten für die Arzneien und die Verpackung ersetzte, während sie den schmalen Reingewinn einstecken durfte.

Doris war verheiratet mit Mack, dem in der Wirtschaftskrise entlassenen Prokuristen einer großen Werbeagentur in New York. Doch Mack ließ sich nicht kleinkriegen: Er buk Törtchen mit Hamburgerfüllung und verkaufte sie in den Flüsterkneipen mit unkonzessioniertem Alkoholausschank während der Prohibition und nach deren Aufhebung in allen Schankstuben der Stadt. Mit seinem Backwerk und ihrem Laden fanden die Bryants ihr Auskommen.

Mit Doris verbanden mich in den zwanzig Jahren unserer Freundschaft tausend kleine Erlebnisse, aber ein Vorfall wirft ein ganz bezeichnendes Licht auf diese Frau und ihre resolute Art, das Leben anzupacken. Sorgen waren ihre Privatsache und gingen niemanden etwas an. Erst wenn sie sich durchgekämpft hatte, vorher biß sie die Zähne aufeinander, ließ sie merken, was sie ausgestanden hatte. Ich denke da an einen Brief, in dem sie ihre Katzenmedikamente nachbestellte. Auf den ersten Blick sah er aus wie alle früheren Blättchen, doch als ich die Arzneimittel für sie richtete, las ich zu meinem Staunen:

> Lieber Herr Dr. Camuti,
> senden Sie mir bitte:
> Nr. 3 – zwölf Packungen
> Nr. 1 – vierundzwanzig Stück
> Nr. 5 – zwölf Stück
> Nun ist meine Scheidung durch
> Nr. 2 – zwölf Fläschchen
> Doris

Den ersten Preis für einen Klienten, der »normaler ist als die anderen«, würde ich im Rückblick auf meine über ein halbes Jahrhundert betriebene Praxis einer sehr gepflegten grauhaarigen Dame mit einer sanften Stimme verleihen – nennen wir sie Mrs. Jones.

Alle Veterinäre kennen jene Männer oder Frauen, die im Wartezimmer sitzen, zutiefst betrübt über die wahren, oft auch eingebildeten Leiden ihres Lieblings. Doch als mir George Mosby in meinem Behandlungsraum an der Park Avenue meldete, im Wartezimmer habe eine Dame mit einem kranken Hund Platz genommen, sah ich seinem verdutzten Gesicht an, daß es sich um etwas Absonderliches handeln mußte.

»Die Dame soll warten, bis sie dran ist«, beschied ich George.

Aber der schüttelte den Kopf. »Rufen Sie die Dame gleich herein, der Hund wirkt so eigenartig«, meinte er.

Im Vertrauen auf Georges gesunden Menschenverstand beendigte ich die angefangene Behandlung und winkte dann, man möge die Dame hereinführen.

Mrs. Jones war eine derart feine und gebildete Dame, daß ich sie ernst nehmen mußte, als sie mir ihren Mops entgegenstreckte. Der Mops war aus Papiermaché!

»Wie kann ich Ihnen helfen?« fragte ich.

»Mein Hund ist übersät mit Zecken.«

Ich musterte sie. Ihr ernster, besorgter Ausdruck überzeugte mich: Die alte Dame war senil.

»Wie lange hat er sie schon?« erkundigte ich mich.

»Er hat sie im Haus aufgelesen. Da wimmelt es von diesen Tieren. Er kratzt sich noch zu Tode.«

»Darf ich ihn einmal untersuchen?«

Sie reichte mir den Mops, und ich entdeckte, daß der Ringelschwanz als Griff diente, um den Rücken wie einen Deckel abzuheben: Der Mops war eine Bonbonniere. Ich drehte den Hund um und um, als ob ich ihn gründlich untersuchte. »Er hat nur eine einzige Zecke«, erklärte ich.

Aus dem Augenwinkel beobachtete ich, wie Georges entgeisteter Blick von dem Papiermaché-Hund zu Mrs. Jones und zurück wanderte. Ich konnte mir seine Gedanken gut vorstellen.

»Ich verschreibe Ihnen jetzt einen Puder«, sagte ich zu der alten Dame, »den Sie einmal täglich auf den Schwanz streuen müssen. Die Zecken lassen dann Ihren Hund in Ruhe.«

Zuerst hatte ich ihr ein Öl mitgeben wollen, bis mir einfiel, daß das Papiermaché es aufsaugen würde und der Schwanz sich in Krümel auflösen mußte. Und wie hätte sich das auf Mrs. Jones ausgewirkt? So holte ich aus dem Schrank einen Karton mit unparfümiertem Talkpuder herunter, füllte ein Schächtelchen ab und überreichte es ihr.

Eine Woche später schoß George in meine Praxis: »Sie ist da!«

Ich wußte schon, wer.

»Die Medizin ist nicht viel wert«, sagte Mrs. Jones, verärgert über meine ärztliche Inkompetenz. »Und sie macht ihn nervös. Wenn ich den Hund auf das Fenstersims setze und die Hotelfahne flattert im Wind, dann bellt er sich die Seele aus dem Leib, bis ich ihn wieder wegtrage.«

Ich versuchte, sie zu beruhigen. »Das kann schon mal vorkommen.«

»Und noch etwas: Das Hotelpersonal weigert sich, mein Apartment zu putzen wegen der Zecken.«

»Hören Sie, wir nehmen den Puder noch eine zweite Woche, und wenn die Zecken nicht weg sind, probiere ich ein anderes Mittel aus.«

Sie war einverstanden und fragte: »Was bin ich Ihnen schuldig?« Sie fischte ein dickes Bündel Geldscheine aus ihrer Handtasche. Welch ein Glück, daß sie nicht einem skrupellosen Beutelschneider in die Hände gefallen war.

»Lassen wir das heute«, sagte ich, »nach der Behandlung können wir über Geld reden.«

Wenige Tage später stand sie schon wieder da. An

diesem Nachmittag war mein Wartezimmer brechend voll. Statt sich hinzusetzen, bis sie hereingerufen wurde, stand Mrs. Jones mitten im Raum und teilte George, der eben eintrat, mit: »Mein Hund muß eingeschläfert werden.«

Unter den Leuten verbreitete sich entsetzte Spannung, sie reckten die Hälse nach dem Papiermaché-Hund.

»Der Herr Doktor hat gleich Zeit für Sie«, sagte George, »bitte nehmen Sie Platz.«

Als er den nächsten Klienten hereinführen wollte, bemerkte George, daß das Wartezimmer sich geleert hatte; so brachte er Mrs. Jones mit ihrem Hund sofort zu mir. Sie wiederholte ihr Verlangen. »O.k.«, sagte ich, »der Hund bleibt hier, und ich erledige alles Notwendige.«

Damit verabschiedete ich Mrs. Jones für immer, wie ich glaubte; der kleine Mops prangte als Souvenir auf einem Regal in meinem Behandlungszimmer.

Nach mehreren Wochen tauchte sie wahrhaftig noch einmal auf. Sie erspähte George im Wartezimmer. »Sie erinnern sich noch an meinen Hund, den Sie vor drei Wochen eingeschläfert haben? Den möchte ich abholen.«

Im Wartezimmer saß ein Mann mit einer Katze im Reisekorb. Nach einem raschen Blick auf Mrs. Jones packte er Hut und Katze und verschwand auf Nimmerwiedersehen.

Im Sprechzimmer meldete mir George, was passiert war. Ich langte die Mops-Bonbonniere vom Regal und stellte sie auf meinen Behandlungstisch. »Mrs. Jones soll hereinkommen«, sagte ich.

Voller Freude schloß die alte Dame ihren Liebling in die Arme. »Hat er auch brav gefressen? Und wie gefiel es ihm bei Ihnen?«

»Alles o.k.«, versicherte ich ihr, »seine Zecken ist er auch losgeworden.«

Diesmal wollte sie mir unbedingt Geld aufdrängen. Ich wehrte ab: »Nicht doch, er hat sich vorbildlich benommen, eigentlich schulde ich Ihnen etwas.«

Das war der letzte Besuch von Mrs. Jones. Durch Freunde, die in ihrem Hotel wohnten, erfuhr ich, daß ein Bruder sie in sein Haus in Massachusetts geholt hatte.

George jubilierte über ihren Wegzug. »Sie hat viele Klienten verscheucht«, sagte er, sooft die Rede auf Mrs. Jones kam.

Aber ich vermißte die alte Dame und wünschte ihr herzlich, daß sie einen guten Tierarzt in ihrer Nähe fände, falls die Zecken ihren Mops wieder plagten.

George Mosby hat in meinem Leben eine viel zu wichtige Rolle gespielt, um in den Episoden dieses Buches nur als Nebenfigur zu erscheinen. Er verdient eine eigene Würdigung.

George war mein Assistent und Freund, obwohl er selber sich nie so bezeichnet hätte; er nannte sich schlicht und einfach mein »Mann«, mehr nicht. Uns trennte eine von George gezogene unsichtbare Grenze, er lebte auf der einen Seite und ich auf der anderen. Wenn ich nach einem turbulenten Tag in meiner New Yorker Praxis vor der Heimfahrt noch eine Tasse Kaffee trinken wollte, weigerte sich George, mit mir in ein Lokal zu gehen – das sei nicht schicklich –, und wartete draußen im Wagen.

Heute würden wahrscheinlich viele Schwarze Georges Verhalten mißbilligen, aber das wäre ihm egal, mit denen im Norden wollte er nie etwas zu tun haben. »Im Süden waren wir Herren«, pflegte er zu sagen, »hier gibt es ja bloß Lümmel.«

George war auf einer Plantage in Virginia als Kind von Sklaven auf die Welt gekommen, darum besaß er keine Geburtsurkunde und konnte sein Alter nur schätzen. In seiner frühen Jugend waren seine Eltern in den Norden ausgewandert, und so blieb er in Mount Vernon hängen.

Meiner Ansicht nach mußte George ungefähr vierzig Jahre zählen, als Grace Agramonte - jene Dame, die mir in Mount Vernon zu einer Praxis verholfen hatte - ihn empfahl. Er war einen Meter achtzig groß und klapperdürr, ein geschiedener Mann mit zwei erwachsenen Kindern. Er arbeitete als Gehilfe in einem nahe gelegenen Lazarett, suchte aber einen neuen Job. Sowohl seine feinen südlichen Manieren als auch seine Krankenhauskenntnisse gewannen mich sofort für ihn, und ich engagierte ihn vom Fleck weg und habe es keine Sekunde bereut.

Mit George baute ich in Mount Vernon ein richtiges Tierspital auf. Wohl hatte ich gelegentlich einen Patienten über Nacht bei mir aufgenommen, aber jetzt stand rund um die Uhr ein Pfleger zur Verfügung, und ich konnte meinen Kreis erweitern. Und hier tritt Mohrchen auf den Plan.

Mohrchen gehörte einer der Sekretärinnen eines Senators. Die schwarze Katze kam zu mir, als ihre Besitzerin mittags und abends ihre freien Stunden bei der kranken Mutter in der Klinik verbrachte und sich nicht weiter um das Tier kümmern konnte. Ich wollte Mohrchen in Pension nehmen, bis die Mutter jener Dame genesen sei, was allen Beteiligten recht war.

Mohrchen lebte sich sehr schnell in unserem Tierspital ein, so daß ich ihm nach wenigen Tagen erlaubte, frei herumzuspazieren, wenn keine Patienten im Weg waren. Während der Sprechstunde mußte er allerdings in seinem Korb hocken.

Mohrchen schloß sich George und mir schnell an; er zeigte sein liebevolles Gemüt, wenn er mich jeden Morgen am Eingang des Krankenhauses mit lautem Schnurren begrüßte und den Kopf an meinem Hosenbein rieb. Doch eines Morgens war kein Mohrchen da.

George und ich kehrten in unserem Spital das Unterste zuoberst: ohne Erfolg. Mehrere Tage suchten wir in jedem Winkel, aber die Katze blieb spurlos verschwunden. Endlich gab ich klein bei und gestand das Mißgeschick Mohrchens Besitzerin. Sie ertrug es mit Fassung.

Ich vergaß die Katze über meinen beruflichen Pflichten, bis mich George eines Tages vor dem Tierspital erwartete. Bei meiner Ankunft kauerte er kopfschüttelnd auf einer Stufe vor dem Eingang und brummelte vor sich hin.

»War's wieder laut?« fragte ich ihn, da George oft über merkwürdige Geräusche in seiner Dachkammer klagte. Ich hatte seinem Gejammer nie viel Gewicht beigemessen, da er nur dunkle und verschwommene Angaben machen konnte. Das Ganze schien mir eine Phantasterei von George, angeregt von Luftblasen in der Heizung oder einem klappernden Fenster.

George nickte. »Ja, die Geräusche und Mohrchen.« Er erzählte mir, letzte Nacht habe ihn der Lärm doch glatt aus dem Bett getrieben. Als er ein für allemal wissen wollte, was los sei, habe er mehrere Spalten zwischen den Dielen auf dem Fußboden entdeckt. Er langte in den Hohlraum hinein und spürte etwas Pelziges, packte zu und zog. Da riß der Pelz, und er hielt das Fell einer schwarzen Katze in der Hand. Mohrchen, natürlich. Er hatte sich offenbar in die Dachkammer verirrt und war, eingeklemmt unter den Dielen, Hungers gestorben, ohne sich jemals zu melden, als wir im ganzen Spital nach ihm riefen und Ausschau hielten.

Mohrchens Balg stimmte George finster, aber nicht aus Aberglauben, denn in seiner Heimat im Süden galten schwarze Katzen als Glücksbringer. Nachts hörte er auf dem Dachboden weiterhin die altbekannten Geräusche neben seinem Bett, die wahre Ursache hat er nie entdeckt.

Obwohl ich ihn nie darauf ansprach, wußte ich genau, daß George im Negerviertel der Stadt die Tiere armer Leute verarztete. Warum auch nicht? Ich freute mich, daß George so mitfühlend den Leuten half, die sich keinen Tierarzt leisten konnten. Er war ein lieber Kerl.

Wenn am Abend der letzte Klient die Praxis verlassen hatte, erwähnte George häufig irgendeinen Bekannten, dessen Katze oder Hund sich nicht »richtig« verhielt. Ich hakte dann nach, und George beschrieb mir exakt alle Symptome. Zusammen mit meiner Diagnose erhielt er ein Fläschchen Antibiotika oder eine Salbe, doch fragte ich nie, wozu er die geschenkte Medizin verwendete. Und George war zu scheu, es mir zu gestehen, obwohl wir beide durchschauten, was gespielt wurde. George betreute seine Patienten und ich die meinen; wir saßen im gleichen Boot.

Unsere jahrelange Zusammenarbeit erfuhr nur eine Trübung. In dem kleinen Waschraum neben dem Operationszimmer lag stets eine Seife Cashmere Bouquet bereit, damit ich mir vor dem nächsten Patienten die Hände waschen konnte. Eine frische Seife fiel mir plötzlich unangenehm auf, da ich mich genau erinnerte, bereits am Vortage ein neues Stück ausgepackt zu haben. Bestimmt war George, der Pedant, daran schuld, dem meine Praxis nie sauber genug war. Aber als in der Woche mir drei oder vier nigelnagelneue Seifen vom Waschtisch entgegenblinkten, wurde ich mißtrauisch: Stahl George? Das durfte nicht wahr sein.

Schließlich legte ich die Karten auf den Tisch. »George, nehmen Sie die Seife vom Waschbecken mit nach Hause?«

»Ich doch nicht«, sagte George, »Sie packen sie abends ein, denke ich mir. Denn am Morgen ist keine Seife da, und ich hole eine frische.«

»Warum sollte ich ein Stück Seife nach Hause schleppen, das ich hier brauche?«

»Lassen Sie mich in Ruhe damit«, sagte George, »es ist nicht meine Sache.«

Was ging hier vor? George und ich konnten uns keinen Reim darauf machen. Es war zu absurd: Wer würde jede zweite oder dritte Nacht in mein Tierspital einbrechen, um eine billige Seife zu stehlen?

Wir beide bewachten die Seife, als ob sie aus purem Gold wäre. Regelmäßig spähten wir in den Waschraum. Ja, die Seife war noch da. Auch am nächsten Tag. Und am übernächsten.

Je länger die Seife im Waschraum verblieb, desto einsilbiger verkehrten George und ich miteinander. Wir verdächtigten uns gegenseitig. Ich schob im stillen George den Diebstahl in die Schuhe, während er überzeugt war, daß aus irgendeinem verrückten Grund ich die Tat beging, aber es nicht zugab. Das alles war von bizarrer Logik: Da nur wir zwei im Tierspital arbeiteten, mußte einer von uns beiden der Täter sein. Ich hatte ein sauberes Gewissen und George ebenfalls.

Frühmorgens begegnete ich George bereits am Eingang. Er grinste.

»Ich weiß, warum die Seife immer weg ist. Eine Ratte hat sie geklaut.«

»Ach?«

George merkte, daß ich ihn nicht ernst nahm. »Eine riesige Ratte«, bekräftigte er, »und ich habe mit eigenen Augen beobachtet, wie sie die Seife durch einen Riß im Boden unseres Waschraums zwängt. Ich kann's Ihnen zeigen.«

Ich holte eine Taschenlampe, und wirklich, hinter der Toilette entdeckte ich ein Loch zwischen Boden und Wand. Vorher war es mir nie aufgefallen.

Ich zweifelte immer noch. Konnte sich eine Ratte in ein Haus wagen, in dem Katzen und Hunde lebten und von morgens bis abends Klienten mit ihren Tieren aus und ein gingen? Doch Ratten sind dreist, wenn George eine mit unserer Seife vor diesem Loch hier gesehen hatte, mußte sein Bericht wohl stimmen.

Mit allen Mitteln – ausgenommen des nächstliegenden – versuchten George und ich die Ratte zu fangen. Ich kaufte Fallen in verschiedenen Größen, einige hätten sogar für einen jungen Bären gereicht, nichts. Ich besorgte jede erdenkliche Käsesorte, vom billigen Stinker bis zum französischen Import, nichts. Im Gegenteil, häufig war der Käse am Morgen unberührt, während wieder ein Stück Seife fehlte.

Da fiel George die Lösung unseres Problems ein. »Wenn diese Ratte auf Cashmere Bouquet derart scharf ist, sollten wir doch diesen Köder nehmen.«

Ich legte eine frische Seife ganz hinten in die Drahtfalle, und am nächsten Morgen hockte sie drin, ein vier Pfund schwerer Brocken. Das Fell war so glatt und weich, als wäre das Tier jeden Tag gestriegelt und gebürstet worden.

»Das kommt von Ihrer Luxusseife«, sagte George.

Ich schätzte George als einen hervorragenden Assistenten und den besten Hundepfleger, der mir je begegnet ist. Auch nach 1945, als ich mein Tierspital in Mount Vernon zugunsten meiner New Yorker Praxis aufgab, arbeiteten wir weiterhin eng zusammen. George zog aus seiner Mansarde in ein Apartment um und fuhr jeden Tag mit mir in die Stadt.

1947 mußte George nach einem Schlaganfall in einem Pflegeheim untergebracht werden. Ich schaute jeden Abend auf meinem Heimweg bei ihm vorbei. Er schien sich zu erholen und bald seine Arbeit wieder aufnehmen zu können. Da rief mich mein Sohn in der Praxis an: George war an diesem Nachmittag gestorben, wie er von der Schwiegertochter erfahren hatte, und sollte auf dem Armenfriedhof beigesetzt werden.

Mich packte der Zorn. Wenn weder seine beiden Kinder noch die Kirche, die er stets mit großzügigen Spenden unterstützt hatte, ihm ein angemessenes Begräbnis gönnten, dann würde ich dafür sorgen, daß ein solch honoriger Mann in Ehren bestattet wurde. Ich setzte mich mit dem Kensico-Friedhof in New York in Verbindung – dort besitzen wir ein Familiengrab – und kaufte für George ein Einzelgrab. Er wurde bestattet, wie er gelebt hatte: anständig, würdevoll und in der Stille.

Da ich eines Tages neben George auf jenem Friedhof ruhe, werden wir im Tod beisammen sein wie in unserem Leben.

7. KAPITEL
Der Etagen-Zoo

Es gibt Leute, die halten mich für einen Heiligen, weil ich in New York Hausbesuche mache. »Sie sind ein wahrhaft Berufener«, sagte ein Klient zu mir. Und ein Weihnachtsgeschenk wurde dem »Albert Schweitzer der Katzenwelt« zugesandt. Vielen Dank für das freundliche Gedenken.

Doch ich habe ein anderes Bild von mir. Man muß leise verrückt sein, um sich aus freien Stücken in den New Yorker Verkehr zu stürzen oder unverdrossen nach einem Parkplatz in dieser Stadt zu fahnden. Wenn ich heute meine Praxis eröffnete, würde ich in Manhattan keine Hausbesuche machen.

Offen gestanden, diese Art von Praxis hatte ich nie geplant, sie ergab sich einfach so. Als mir die Veränderungen in meinem beruflichen und privaten Alltag endlich auffielen, war ich von dem neuen Arbeitsstil so angetan, daß das fade Warten auf Patienten in einem Sprechzimmer mich nicht mehr lockte.

Der Zweite Weltkrieg mit dem Zustrom unverheirateter Arbeitswilliger in die große Stadt mit ihren reichen Möglichkeiten brachte den entscheidenden

Wechsel unseres Lebenszuschnitts. Jugendliche verließen nun früh ihr Elternhaus, um eine eigene Wohnung zu beziehen, und Veteranen blieben nach dem Krieg lieber in New York, als in die heimatliche Kleinstadt zurückzukehren.

Natürlich fühlten sich viele Leute einsam; sie sehnten sich nach einem persönlichen Kontakt und legten sich zuerst ein Haustier zu, dann einen Ehepartner. Die moderne Frau, mit Hausarbeit und Kindern nicht ausgefüllt, verwirklichte sich selbst im Beruf, so blieb tagsüber oft der vierbeinige Liebling der Familie allein zu Haus.

Da die meisten jungen Paare sich kein Dienstmädchen leisten konnten – eine Rarität in jeder Hinsicht –, wurde ich am Telefon immer häufiger gebeten, Felix oder Fido doch abends zu besuchen. Wenn mir die Zeit nicht passe, möchte ich bitte den Wohnungsschlüssel beim Portier abholen.

Ehe ich mich's versah, saß ich nur noch ein Stündchen in meiner Praxis und rannte den Rest des Tages mit einem Riesenschlüsselbund herum. Auf die Dauer war das nicht sehr sinnvoll, denn die Klienten sollten bei meinem Besuch daheim sein: Ich wollte mich mit ihnen über die kranken Tiere und die Anwendung der verschriebenen Medikamente unterhalten.

Deshalb stellte ich meinen Tageslauf um: Die Besuchstour beginnt jetzt um vier Uhr nachmittags und dauert meistens bis Mitternacht, dann esse ich mit Alex, arbeite die Buchhaltung auf, lese vor dem Schlafen noch ein paar Seiten und gehe um vier Uhr morgens zu Bett, nachdem ich den Wecker auf zwölf Uhr mittags gestellt habe. Ich frühstücke um ein Uhr, das Mittagessen ist auf sechs oder sieben Uhr abends angesetzt, das Abendbrot – wie schon erwähnt – nach

Mitternacht. Da Alex sich ganz auf diesen verrückten Zeitplan einstellte, begleitete sie mich binnen kurzem auf meinen Fahrten durch die Stadt.

Mit Alex bin ich am liebsten zusammen, klar. Wenn das in einer Ehe nicht mehr zutrifft, kann man sich gleich scheiden lassen. Aber Alex leistete mir nicht bloß Gesellschaft, sie wurde auch mit der Aufgabe betraut, Polizisten einleuchtend zu erläutern, warum wir ausgerechnet neben einem Hydranten parken. Neben Hydranten ist immer ein Parkplatz frei – nach der Straßenverkehrsordnung ist er für die Feuerwehr reserviert. Darum steuern wir schon automatisch auf diese Lücke zu. Das Problem ist, daß mich mein Nummernschild CAT nicht als Arzt ausweist; mit den VD- oder VMD-Buchstaben wirkte Alex viel glaubwürdiger, wenn sie den Polizisten erklärte, ihr Mann besuche hier im Haus seinen Patienten, eine kranke Katze. Die CAT-Kombination weckt gern Zweifel am Verstand von Alex, manchmal setzt sich meine Frau durch, sonst läßt der Polizist die nette, grauhaarige Dame, »die nicht mehr alle beieinander hat«, in Ruhe.

Sollte Alex ihren Charme und die flinke Zunge einmal verlieren, so habe ich noch einen weiteren Trumpf in der Rückhand. Janet Briggs brachte mich auf diese Idee, als sie die Geschichte von dem Katzenzüchter erzählte.

Janet hatte zwei Katzen, Sascha und Dacca, gekauft, die ihr gebracht werden sollten. Der Züchter schickte seinen Sohn mit den beiden Tierchen nach oben, während er unten im Auto wartete. Da Janet noch ein paar Fragen auf dem Herzen hatte, bat sie den Jungen, doch seinen Vater hochzuschicken.

In der Eingangshalle hielt der Portier den Züchter

auf. Hatte der Herr denn keine Angst um seinen Wagen, der leer in der zweiten Reihe parkte? »Sie werden ihn abschleppen, ganz gewiß.«

Der Züchter lachte dröhnend. »Das läßt mich ganz kalt. Ich fahre einen Leichenwagen. Da denkt jeder, ich hole einen Toten ab.«

Diesen Einfall habe ich mir gemerkt. Wenn Sie eines schönen Tages in New York einem Leichenwagen mit dem Nummernschild CAT begegnen – Sie wissen Bescheid.

Soviel zum Albert Schweitzer der Katzenwelt mit seinem Heiligenschein. Es passierte eben so. Aber welche Katzenliebhaber glauben das schon? Sie sind eine besondere Rasse, viel leidenschaftlicher als Hunde-, Pferde- oder sonstige Tierliebhaber. Die Katzennarren teilen die Welt in zwei Lager: Hier stehen die Freunde, die Katzen mögen, dort die Feinde, die Katzen hassen. Und diese Fetischisten verbreiten dann über ihre Lieblinge allerlei dummes Zeug als unumstößliche Wahrheiten. Sie streuen auch das Gerücht aus, daß ich nur Katzen behandle. Wohl habe ich mich auf Katzen spezialisiert, aber ist es denn denkbar, daß ich als Arzt ein krankes Tier abweisen würde, weil es keine Katze ist?

Ein Kernspruch von mir lautet: Wenn ein Tier zwischen zwei Türpfosten paßt, holt es sich ein New Yorker in die Wohnung. Raubtiere aller Klassen, vom Wickelbär bis zum Ozelot, habe ich schon behandelt. Für mich bleibt es zwar ein ungelöstes Rätsel, warum ein anscheinend vernünftiger Mensch ein Tierbaby aufnimmt, das ihn in absehbarer Zeit in Stücke reißen kann. Soviel ich weiß, ist kein Klient im »Dschungelkrieg« – meine Bezeichnung für das Aufziehen von Löwen, Tigern, Panthern, Leoparden etc. im Haus – umgekommen; nur erlebten einige Besitzer die

Schwindsucht ihres Geldbeutels, weil ihre Schätzchen jeden Tag mehrere Pfund Fleisch verzehrten. Und fast allen brach schier das Herz, wenn sie für ihr gefährliches Hätscheltier einen Platz im Zoo suchen mußten.

Es gibt ja wahrlich vielerlei praktische und charaktervolle Haustiere. Ich denke an die Taube Anastasia, das Findelkind der Millers. Anastasia gehörte nicht zu meinen Patienten, aber ich machte seine Bekanntschaft als Hausarzt der Millerschen Katzen.

Jawohl, »seine«, denn Anastasia war ein Er, ein Täuber also, was die Familie erst merkte, als sie ihn schon getauft hatte. Der anspruchsvolle Name sollte dem Tier klarmachen, daß es etwas Besonderes war. Die Millers fanden Anastasia, großgezogen auf dem Fenstersims, einzigartig – im Gegensatz zu der Taubenmutter, die ihren Sohn sitzengelassen hatte.

Ich hielt es mit Anastasias Mutter und fand auch nichts Besonderes an dem Tier. Neben all den Papageien, Kakadus, Sittichen, Hirtenstaren, die mir begegnet waren, wirkte Anastasia, eine gewöhnliche New Yorker Parktaube, hausbacken mit dem schieferfarbenen Gefieder und den verblichen violetten, grünen und purpurroten Streifen um den Hals.

Doch eine gewinnende Ausstrahlung ließ das schlichte Äußere vergessen; der Papagei der Millers, von Anastasia hoheitsvoll übersehen, besaß nicht halb so viel Charme. Dieser Papagei, ein blauer Annie Oakley, hatte die leidige Angewohnheit, sich mit Wurfgeschossen zu rächen, sobald er sich vernachlässigt fühlte. Er pickte seinen Kot vom Käfigboden auf und schleuderte ihn zielsicher zwischen den Stangen hindurch auf sein Opfer.

Mit derart vulgären Spielchen gab sich Anastasia nicht ab. Er liebte Einladungen und Betrieb. Wenn man sich zum Essen setzte, postierte er sich auf Mr. Millers Schulter oder flatterte auf den Tisch und hüpfte mit schiefgelegtem Köpfchen im Kreis, der Reihe nach alle Gäste musternd. Anastasia bettelte nie, das vertrug sich nicht mit seiner Würde; er verließ sich darauf, daß ein paar milde Gönner ihm genügend Krumen zuschieben würden.

Bei meinen Hausbesuchen flog Anastasia über den Tisch und inspizierte meine Arbeit von oben. Das gefiel mir, nur als der Vogel seine große Nummer lernte, verlor er meine Achtung ein für allemal.

Beim Frühstück waren, wie mir Mr. Miller später berichtete, Toastkrümel auf sein Hemd gefallen. »Komm, Anastasia«, rief er und deutete auf die kleinen Bröckchen. Gehorsam schoß die Taube herzu und pickte die Hemdenbrust sauber. Das Tier geriet in eine solche Ekstase, daß es den Kopf unter das Hemd wühlte und Mr. Millers Nabel bearbeitete.

Mr. Miller war begeistert: Anastasia, sein geliebter Tausendsassa, schwärmte für seinen Nabel! Sogleich wurde eine Vorführung daraus. Mr. Miller legte morgens und abends, wenn er aus dem Büro heimkehrte, Krümel als Vogelfutter in seinen Nabel, Anastasia landete blitzgeschwind auf dem Gürtel, streckte den Kopf ins Hemd und naschte die Leckereien.

Natürlich bot man auch mir bei meinem nächsten Besuch die große Attraktion, und Anastasia übertraf sich selbst. Mr. Miller strahlte. »Erstaunlich, nicht wahr?« fragte er voll väterlichem Stolz.

Ich fand's widerlich, doch ich zügelte meine Zunge. »Das ist der erste Nabelpicker, den ich kenne. Eine geschicktere Taube habe ich noch nie gesehen.«

Mr. Miller reichte mir ein paar Körner. »Versuchen Sie es doch einmal!«

»Nein, danke.« Da er nicht aufhörte, zu drängen,

schnauzte ich ihn schließlich an: »Keine Taube hat jemals in meinem Nabel gebohrt, so weit kommt's noch! Ich bin doch nicht verrückt.«

Die Millers starrten mich entsetzt an, und Anastasia legte das Köpfchen schief. »Verzeihen Sie«, sagte ich und wandte mich den Katzen zu.

In New York wimmelt es von Affen – Affen mit Schwanz, natürlich. Ich bin nicht unempfänglich für ihr fröhliches Wesen, doch zum Haustier eignen sie sich schlecht, dazu sind sie zu wild und zu schmutzig. Aber sagen Sie das einmal einem Menschen, der entschlossen ein gefährliches oder abstoßendes Tier zu sich ins Haus nehmen will. Liebe macht bekanntlich blind – und auch taub.

Die Fitzpatricks, die im Filmgeschäft großes Geld verdienten, hatten an Marmosetten einen Narren gefressen. Das sind winzige Krallenäffchen aus dem südamerikanischen Dschungel. Sogar erwachsen wiegen sie bloß 300–400 Gramm.

Das Ehepaar besaß fünf dieser Tierchen: Fritz, ein Männchen, und vier Weibchen. Die Marmosetten, auf gleichbleibende Wärme angewiesen, bewohnten einen eigenen, das ganze Jahr über geheizten Raum, in dessen Mitte ein riesiger Kletterbaum stand, während an den Wänden Regale zum Herumturnen einluden. Die Äffchen führten ein viel behaglicheres Leben als in ihrer Heimat.

Mrs. Fitzpatrick rief mich an, als ein Weibchen aus Fritzens Harem Nachkommenschaft erwartete; ich sollte bei der Geburt helfen. Auf den ersten Blick erkannte ich meine Patientin an ihrem fruchtbar aufgedunsenen Bauch: Die Geburt war überfällig, und ich entschloß mich zu einem Kaiserschnitt an der gefährdeten klitzekleinen Mutter.

Daß ich dem Weibchen helfen wollte, schätzte Fritz nicht im geringsten. Im Gegenteil: Mein Eindringen in seine Domäne erbitterte ihn sehr. Als ich mit Mrs. Fitzpatrick die Einzelheiten der Operation besprach, bellte er einen Befehl, die drei munteren Weibchen kletterten neben ihn auf einen Ast, der über meinem Kopf hing. Ein weiterer Befehl, und alle vier Äffchen entleerten ihren Darm. Ich war von oben bis unten mit Marmosettenscheiße bekleckert.

Also fuhr ich nach Hause, um mich umzuziehen. Bei meiner Rückkehr hing Mrs. Fitzpatrick am Telefon und unterhielt sich mit einer Ärztin von der New Yorker Poliklinik, deren Spezialgebiet »Die Fortpflanzungsfähigkeit der Marmosetten in der Gefangenschaft« war und die sich mit einer Marmosettenforscherin in England beraten hatte. Beide Damen waren sich einig, daß noch nie ein Krallenäffchen einen Kaiserschnitt überlebt habe, alle seien bei der Operation gestorben. Das war meine Chance, in die Medizingeschichte einzugehen!

Ich operierte auf dem Küchentisch, und meine Befürchtungen trafen zu. Als ich die Gebärmutter aufschnitt, war das Junge bereits tot und zersetzte sich. Es wog knapp 30 Gramm weniger als die Mutter.

Doch die Mutter lebte, sie war sehr geschwächt, aber sie lebte. In einem der Gästezimmer legte ich sie unter das vorsorglich aufgestellte Sauerstoffzelt.

Mir brach schier das Herz, als ich in das winzige, todtraurige, so menschenähnliche Gesicht schaute und unter jedem Auge ein Tränchen glitzerte.

Die kleine Mutter überlebte nur 48 Stunden: Die allzu lange Schwangerschaft und der Operationsschock überstiegen ihre kleinen Kräfte.

Was bedeutete schon der Rekord »Krallenäffchen

überlebt Kaiserschnitt«? Mir stand immer jenes kummervolle Affengesichtchen vor Augen. Und die Tränen. Ich hatte versagt.

Da war Miß Petris Kapuzineraffe Luigi schon ein anderes Kaliber. Mit solchen Affen zogen früher Leierkastenmänner durch die Straßen.

Miß Petri entdeckte den Kapuziner im Schaufenster einer Tierhandlung, und sein seelenvoller Ausdruck zog sie magisch in das Ladeninnere. Der Verkäufer, der sofort auf ihre Gutmütigkeit spekulierte, bot eine gefühlstriefende Geschichte, in der Luigis Besitzer das Tier weggab, weil er in die Fremde ziehen mußte. »Heimatlos« – dieses Wort traf Miß Petri mitten ins Herz, und ehe sie sich's versah, gehörte ihr ein Kapuzineraffe.

Sie hängte Luigis Käfig in die Küche über ihren Eßtisch. So konnte sie bei der Arbeit mit dem Tier plaudern oder seinem Schnattern zuhören. Manchmal ließ sie Luigi auch frei, und er turnte an seinem Greifschwanz durch die Wohnung. Nachts schlief er unter einer Decke, die Miß Petri eigens für ihn genäht hatte.

Bald konnte sich die frischgebackene Affenmutter überhaupt nicht mehr vorstellen, wie sie ohne Luigi zurechtgekommen war. Nur eines stieß sie leicht ab, wenn sie ehrlich war: diese scheußliche Spezialkost mit Würmern aus Japan zu Mittag und mexikanischen Heuschrecken zum Frühstück und zum Abendessen. Mit einer Flügelspannweite von mehr als zehn Zentimetern sind dies übrigens die größten Heuschrecken der Welt. Deshalb erhielt Luigi nur ein Exemplar pro Mahlzeit.

Zwischendurch naschte er noch Äpfel, Trauben oder Bananen, und sehr selten genehmigte er sich ein

Stück Fleisch. Nichts reichte an sein Lieblingsgericht heran, an Würmer und Heuschrecken.

Um Luigi Gerechtigkeit widerfahren zu lassen: Er verspeiste die Heuschrecken langsam und säuberlich mit den Tischmanieren eines feinen Herrn. Nie hätte er sich die Finger abgeleckt. Nur sein Schmatzen störte diesen Eindruck.

Nach wenigen Jahren hielt Miß Petri es für angebracht, ihrem Luigi zwei Artgenossen als Spielkameraden zuzuführen. Über einen Freund fand sie Kontakt zu einem Tierimporteur, der ihr die zwei Affen besorgte. Luigi konnte sich nicht fassen vor Freude und überschüttete die beiden mit Aufmerksamkeiten und Liebe. Gab ihm Miß Petri eine Heuschrecke oder einen Apfel, so fütterte er die Kleinen damit, obwohl den Zuzüglern mehr als genug vorgesetzt wurde. Luigi schlief auch nicht mehr, sondern deckte seine Schutzbefohlenen mit der Bettdecke zu und wachte die ganze Nacht bei ihnen wie eine Mutter.

»Luigi hat sich in eine Luisa verwandelt.« Mein Witz fand bei der bekümmerten Miß Petri leider keinen Anklang.

Schließlich konnte sich Luigi kaum noch auf den Beinen halten vor Hunger und Übermüdung. Bei meinen Visiten präsentierte mir eine verzweifelte Miß Petri ein blasses Abbild des einst so munteren Kapuziners: Kein Zweifel, der Affe mit dem liebevollen Herzen mußte bald sterben, wenn man nicht rasch eingriff.

Am nächsten Morgen brachte Miß Petri die neuen Äffchen zurück und erklärte dem Händler ihre unvorhersehbaren Schwierigkeiten. Luigi trauerte mehrere Tage, aber dann fraß und schlief er wieder, Gott sei Dank!, und turnte so vergnügt wie eh und je durch die Wohnung.

Friede herrschte im Petri-Haushalt, bis – ja, bis Miß Petri einen Mr. Winters kennenlernte. Sie war gut vierzig, und er Anfang Fünfzig, beide unverheiratet, und sie stellten ungeheuer viele Gemeinsamkeiten fest: Sie unterrichtete an einem College, er auch, beide gingen häufig ins Konzert, und zusammen fieberten sie für die gleiche Baseball-Mannschaft. Aus Freundschaft wurde Liebe, und Miß Petri sah sich schon als Mrs. Winters. Ihr hing der Himmel voller Geigen. Nur *ein* Wermutstropfen trübte das süße Glück: Luigi verabscheute Mr. Winters vom ersten Blick an.

Seine Abneigung wuchs, je häufiger sich Mr. Winters zeigte. Miß Petri sperrte ihren Liebling im Käfig ein, sooft der Bräutigam erwartet wurde, was die Sache nur noch schlimmer machte, denn den guten Mann begrüßte zorniges Geschnatter, und ein bitterböses Affengesicht fletschte die Zähne, während die Käfigstangen bebten und ratterten. Wenn Mr. Winters, um gut Wetter zu machen, sanft auf das Tier einsprach, kreischte ihn Luigi einfach nieder.

Mr. Winters probierte es auch mit Bestechung und hielt eine Tüte Erdnüsse verlockend an die Gitterstäbe. Luigi beäugte die Tüte und Mr. Winters gleich mißtrauisch. Endlich packte er zum Entzücken von Miß Petri die Tüte, doch Mr. Winters atmete zu früh auf: Luigi nahm eine Erdnuß nach der anderen und schleuderte sie quer durchs Zimmer.

Endlich schien sich ein Stimmungsumschwung anzubahnen. Eines Abends blieb Luigi ganz ruhig, als Mr. Winters zur Tür hereintrat. Kein Gebrüll und kein Tamtam. Er umklammerte die Gitterstäbe und betrachtete leicht spöttisch den Besucher.

Gerührt beschlossen die Verlobten, den Affen freizulassen, der sogleich in der Wohnung herumturnte und sich dann auf ein Bücherregal schwang. Die große Wende schien gekommen, jetzt rückte die Hochzeit näher! Mr. Winters wollte Luigi füttern, um die Versöhnung zu besiegeln, und Miß Petri holte ihm aus der Küche eine Banane.

Nun setzte sich Mr. Winters auf die Sofalehne, hielt die Banane hoch, damit Luigi sie sehen konnte, und säuselte: »Schau, Luigi, was ich da für dich habe, du lieber, guter, kluger Affe, du mein Bester!«

Mit einem eleganten Satz sprang Luigi vom Bücherregal herab und bewegte sich ungezwungen auf die ausgestreckte Hand zu. Miß Petri jauchzte.

Luigi nahm die Banane, dann grub er genußvoll seine Zähne in Mr. Winters' Finger.

Mr. Winters hat mir später alles erzählt: »Luigi hatte sich festgebissen und ließ überhaupt nicht mehr los. Meine Braut schrie durchdringend: ›Tu ihm nichts, tu ihm nichts!‹ und starb fast vor Angst, daß ich Luigi verletzen könnte. Unterdessen hängte sich das Scheusal an meinen Arm und zerkratzte mich durch das Hemd hindurch. Mein Arm blutete, mein Finger blutete, und ich brüllte, sie solle Wasser über ihren Affen schütten oder die Polizei holen oder den Dr. Camuti anrufen, kurz, irgend etwas solle sie um Gottes willen tun. Und sie schreit bloß: ›Tu ihm nichts!‹ Natürlich goß sie kein Wasser über ihren Schatz, er könnte sich erkälten, und sie telefonierte auch nicht, weder mit Ihnen noch mit dem Zoo. Da hatte ich es satt. Als er sich nicht abschütteln ließ, haute ich ihm eins auf die Nase – und schon war ich frei.«

Empört und entsetzt weigerte sich Miß Petri, Mr. Winters in die Notaufnahme des nächsten Krankenhauses zu begleiten, wo Hand und Arm mit 17 Stichen genäht werden mußten.

Die Stiche würde er überleben. Ob auch Luigis künftige Attacken? Da zweifelte Mr. Winters erheblich. Ein Leben ohne Miß Petri war keine erquikkende Aussicht, aber sie würde ja nie und nimmer auf Luigi verzichten. Der verflixte Affe zerstörte sein ganzes Lebensglück.

Miß Petri hatte ebenfalls nachgedacht. Am nächsten Morgen rief sie Mr. Winters an, um sich zu entschuldigen. Es sei wenig nett von ihr gewesen, ihn allein ins Krankenhaus zu schicken. Sie vereinbarten ein Treffen für den Abend – bei ihr zu Hause.

Als Mr. Winters hereinkam, blieb Luigi wieder stumm. Miß Petri öffnete den Käfig, und der Affe turnte wieder im Zimmer herum, bis er sich auf das Bücherregal setzte. Vorsichtig hatte Mr. Winters Mantel und Handschuhe anbehalten, er gönnte dem Tier keinen Blick. Miß Petri sagte: »Schau mal, Luigi lächelt dir zu!«

Mr. Winters wandte nicht einmal den Kopf.

Nach ein paar Minuten sprang der Affe auf seine Schulter, und Mr. Winters duckte sich instinktiv in der Erwartung, daß ihm ein Ohr abgebissen würde. Aber nein, Luigi legte die Arme um seinen Hals und kuschelte sich dicht an ihn.

Miß Petri weinte vor Freude.

Der Hieb auf die Nase hatte die große Wende eingeleitet. Mr. Winters' Position in der Hackordnung war jetzt festgelegt, Luigi ordnete sich unter.

Kurz darauf hieß Miß Petri Mrs. Winters, und die kleine Familie lebte glücklich bis an ihr Lebensende.

Neue Hundepatienten nehme ich keine mehr an, obwohl ich früher zahlreiche Hunde behandelt habe, wobei mehrere von ihnen der katholischen Geistlichkeit gehörten.

Von allen Hunden im kirchlichen Umkreis schloß ich Gretchen besonders ins Herz. Zugegeben, ich habe schon immer eine Schwäche für Dackel gehabt, aber Gretchen war auch eine bezaubernde Hundedame. Ihr Besitzer, Pfarrer Lang von St. Peter, pries voller Stolz ihre riesigen Ohren, das herrlich orangerote Fell mit dem goldenen Schimmer und den glänzend schwarzen Schwanz. Gretchen war eine Schönheit – und tat sich darauf etwas zugute. Schon als Hundebaby – sie zählte erst wenige Wochen – begleitete sie Pfarrer Lang auf einer Reise zu den Bahamas. Dabei mußte Gretchen vor dem Abflug eine halbe Schlaftablette schlucken, worauf sie sich im Flugzeug oben auf der Sessellehne an Pfarrer Lang schmiegte und bis zur Ankunft schlief.

Ein paar Monate verbrachte Gretchen dann in Nassau als Leihgabe bei Pfarrer Brown von St. Barnabas. Da dieser seinem Amtsbruder einst den Hund besorgt hatte, durfte er hundesitten, als Pfarrer Lang seinen Dackel auf eine längere Reise beim besten Willen nicht mitnehmen konnte. Regelmäßig begleitete Gretchen ihr neues Herrchen zum Gottesdienst, verjagte auch einen Einbrecher aus der Pfarrküche, doch unvergessen blieb ihre eindrucksvolle Teilnahme an der Prozession zu Ehren des Schutzheiligen St. Matthäus. Gemessenen Schrittes zog sie die Hauptstraße entlang, und aller Augen richteten sich auf sie, was Gretchen als kontaktfreudiger Hund in vollen Zügen genoß. Wurde der Dackel allein gelassen, jaulte er zum Gotterbarmen, so daß sich die Gäste des nahe gelegenen Hotels beschwerten.

Nach ihrer Rückkehr zu Pfarrer Lang in die Bronx erhielt Gretchen drei Dackelwelpen – Roger, Heidi und Wiegehts – zur Gesellschaft, denen sie ruckzuck beibrachte, wer »Mutter Oberin« im Haus war.

Im hohen Alter von acht oder neun Jahren erlitt Gretchen einen Schlaganfall; ihr Hinterteil war gelähmt. Man wandte sich sofort an mich, und so lernte ich das reizende Geschöpf kennen. Wir mochten uns auf den ersten Blick, und Gretchen, die sich mit den beiden Vorderpfoten durch das Haus zog, schleppte sich stets bei meinen Visiten zur Begrüßung herbei.

Pfarrer Lang hängte Gretchen eine silberne Plakette »St. Rochus, begleitet von seinem Hund« um den Hals, der Hausdiener schrieb nach Hause auf die Bahamas, damit seine Familie einen Shilling vom Obipriester für Gretchens Genesung weihen lasse, und ich gab dem Hund einen Monat lang täglich eine Spritze mit Cortison oder Thiamin im Wechsel.

Nach der Spritze legte ich Gretchen in der Küche auf den Rücken, um durch Massage des Hinterleibs die körperlichen Funktionen wieder anzuregen. Der Dackel schien das zu begreifen, denn sobald ich rief: »Wo ist bloß mein Mädchen?«, stand Gretchen mit hängendem Hinterleib bereit, um von mir zur Küchenbank getragen zu werden.

Vollbrachten nun meine Spritzen oder die Massagen, St. Rochus und sein Hund oder die Segnungen des Obipriesters das Wunder – oder alle zusammen –, auf jeden Fall stand am 32. Tag Gretchen auf ihren vier Beinen, schüttelte sich und lief schwanzwedelnd vor uns her. Pfarrer Lang, dem Hausdiener von den Bahamas und mir rannen vor Freude die Tränen über die Wangen.

Später erkrankte der Dackel an Brustkrebs, und ich operierte ihn in der Pfarrküche – mit vollem Erfolg, denn Gretchen war so robust wie liebenswürdig und besiegte die schwere Krankheit mit fliegenden Fahnen.

Als Pfarrer Lang eine andere Pfarrstelle erhielt,

ließ er schweren Herzens die vier Hunde in der Obhut von Pfarrer Brown zurück, der aus Nassau an St. Peter versetzt worden war. Gretchen war eindeutig zu alt, um sich an eine neue Umgebung zu gewöhnen, sollte aber die vertrauten Gespielen nicht verlieren.

Und dann war Heidi trächtig! Sie sollte in Abwesenheit von Pfarrer Brown werfen, der die Kirche und die werdende Mutter seinem Stellvertreter anempfahl.

Als die Wehen einsetzten, rief mich Pfarrer Hayes dringlich herbei. Zu meiner Erleichterung bot er an, mir bei der Geburt zu assistieren. Wir trugen Heidi von ihrem Schlafplatz zum Küchentisch, der vorsorglich mit Zeitungen bedeckt war. »Dummes Zeug«, sagte ich, »nehmen Sie das Papier weg und holen Sie alte, gewaschene Handtücher und eine ausrangierte Wolldecke als Unterlage.«

Ich sprach Heidi leise und beruhigend zu: »Ich helfe dir gleich.« Viele Leute verwenden bei der Geburt von Kätzchen oder Welpen Papier, weil es sich so bequem wegwerfen läßt, aber ich halte nichts davon. Oft zerreißen die Tiere das Papier und fressen es zu ihrem Schaden auf.

Endlich konnte ich Heidi auf den Tisch heben. Sie benahm sich vorbildlich und blieb sogar gehorsam in der Rückenlage, obwohl die meisten Tiere sich für die Geburt lieber auf die Seite legen.

Als das Junge herausgepreßt wurde, seufzte mein freiwilliger Helfer tief auf und sank zu Boden. Dort ruhte er wie ein schlapper Luftballon. Ich ließ ihn liegen, da ich mich um Heidi kümmern mußte.

Ich klemmte die Nabelschnur ab, räumte die Plazenta weg und rubbelte das winzige Neugeborene ganz sanft mit einem Tuch, um es zu säubern und die Zirkulation anzuregen. Unterdessen war Heidi vom

Tisch gesprungen und wartete zusammengerollt in ihrem Bettchen, daß ich ihr den Sohn bringe. Er sollte, das war schon lange im voraus festgelegt worden, zu Ehren des Kirchenpatrons Peter heißen.

Nachdem Mutter und Kind für die Nacht versorgt waren, half ich Pfarrer Hayes auf die Beine. Er schaute mich mit leerem Blick an und brummte: »Ein tapferer Assistent.«

Gretchen, die ihr Alter mit so viel Anmut bewältigt hatte, lag im Sterben. Pfarrer Brown benachrichtigte mich mitten in der Nacht. Obwohl ich mit meiner ärztlichen Kunst nicht mehr helfen konnte – Gretchens Uhr war eben abgelaufen –, fuhr ich sogleich ins Pfarrhaus, um den Hund noch einmal zu sehen. Pfarrer Lang – von Pfarrer Brown ebenfalls herbeitelefoniert – öffnete mir mit tränennassem Gesicht, da wußte ich, Gretchen war gestorben.

Pfarrer Lang hatte Gretchen auf dem Boden vorgefunden. Als sie ihn sah, kroch sie auf ihn zu und versuchte, ihm auf den Schoß zu klettern, doch sie war zu schwach dazu. Er trug sie dann ins Körbchen zurück und gab ihr zum zweitenmal in ihrem Leben eine halbe Schlaftablette. Dann setzte er sich so, daß Gretchen ihn sehen konnte – sie sollte sich nicht verlassen fühlen – und flüsterte ihr liebevolle Worte zu. Da schloß Gretchen die Augen und ging in Frieden ein zu ihrem Schöpfer.

8. Kapitel
Der unverbesserliche Mr. Cat

Ich teile alle Katzen in zwei Kategorien ein: Stadtkatzen und andere Katzen.

Natürlich sind die nächsten Artverwandten – Löwen und Tiger – Raubtiere, die sich in der freien Natur durchschlagen. Darum wird häufig der Einwand erhoben, eine Katze, die ihr ganzes Leben in vier Wände eingeschlossen verbringe, sei die Unnatur selber. Doch dieser Vorwurf erscheint mir abwegig.

Ich finde Stadtkatzen hinreißend. Zeigen Sie mir einen Löwen oder einen Tiger, der sich jeder beliebigen Wohnung anpaßt und dabei noch glücklich ist. Stadtkatzen gelingt das mühelos. Und dann gibt es noch die begünstigten unter ihnen, die in der Stadt und auf dem Lande zu Hause sind und lässig ein Doppelleben führen, vor allem, wenn sie von klein auf daran gewöhnt wurden. Denn ein Katzenbesitzer nimmt seine Mieze aufs Land mit, weil er seinem Liebling erstens die einsame Wohnung nicht zumutet und zweitens das fröhliche Herumtollen im Freien gönnt.

Aber eins sollte er dabei bedenken: Eine Katze, die

ausschließlich im Haus lebt, lebt länger; jene Katze, die in und außer dem Haus lebt, wird weniger alt, und Katzen, die bloß zum Fressen oder auf eine Stippvisite hereinschauen, sterben früh.

Die Vagabunden setzen sich frivol manchen Gefahren aus: Sie können überfahren werden, bei Artgenossen Krankheiten auflesen oder im Kampf mit Rivalen Verletzungen davontragen. Niemand schützt sie vor Gift, Giftpflanzen, Parasiten. Darum habe ich in meiner New Yorker Praxis viele wohlbehütete betagte Stadtkatzen. Und ich rate allen Katzenbesitzern: Laßt eure Katzen im Haus, da passiert ihnen nichts.

Wer ein Jungkätzchen vom Bauernhof in die Stadt mitnimmt, braucht sich keine Gedanken zu machen. Das Tier gewöhnt sich an die neue Umgebung, als ob es auf dem Broadway zur Welt gekommen wäre. Die Erziehung zum Katzenklo akzeptiert ein Jungkätzchen ohne weiteres, auch wenn es sein Geschäft bisher im Freien verrichtet hat. Warum Katzenbesitzer vor dieser einfachen Aufgabe zittern, verstehe ich nicht. Sobald der Neuling die unbekannte Wohnung betritt und dort zu schnuppern anfängt, soll man ihm seine Toilette zeigen, oder aber wir tragen das Kätzchen nach dem Fressen ein- oder zweimal zum Klo und setzen es auf die Einstreu. Unsere Absicht wird sogleich begriffen.

Die Frankels erhielten zwei niedliche, knapp drei Monate alte schwarze Katzenbrüder geschenkt, die bisher bei ihrer Mutter gewesen waren. Die Landkatzen mußten sich auf einen neuen Lebensrhythmus einstellen. Die Woche über wohnten sie in der Stadt, wo man sie nicht rauslassen konnte, am Wochenende kehrten sie in das gewohnte ungebundene Dasein zurück. Dieser Wechsel fiel ihnen nicht schwer, nur eins brauchte seine Zeit: Die beiden merkten erst nach ein paar Wochen, daß sie auf dem Land nicht zum Katzenklo nach Hause rasen mußten, wenn sie ein natürliches Bedürfnis verspürten.

Ein Klient von mir, ein Fabrikant, der im Westen Manhattans Lederhandtaschen herstellte, hatte in seiner Fabrik eine wahre Mäuseplage. Deshalb beschloß er, von seinem Landsitz eine dort ausgesetzte Katzenmutter samt ihren drei Jungen nach Manhattan umzusiedeln. Die Zuzügler, lauter hervorragende Mäusefänger, vermißten die Berge überhaupt nicht. Und nun ist schon die dritte Generation jener tüchtigen Familie in der Fabrik beschäftigt.

Bei diesen Katzen hatte ich die selten gewordene Gelegenheit zu beobachten, wie eine Katzenmutter ihren Jungen die edle Kunst des Mausens beibringt. Die Mutter, von ganz gewöhnlicher Herkunft, grau mit weißen und schwarzen Streifen, fing also eine Maus, die sie lebend ihren Jungen brachte. Sie ließ die Beute los, damit die Katzenkinder ihr nachjagen konnten. Wenn einem von ihnen die Maus entwischte, hieb ihm die Mutter eins auf die Nase, dann holte sie den Nager zurück für den nächsten Versuch. Als alle drei Kinder das Fangen gelernt hatten, zeigte sie, wie man die Beute tötet und frißt.

Immer wieder erzählen mir Klienten von einer Maus in der Wohnung oder ihrem Ferienhaus, von der ihre Stadtkatze keine Notiz genommen hat. So erging es auch den Schriftstellern Tom und Alice Fleming mit ihrem grauen Kater Joe. Als die beiden in dem Garderobenschrank ihres Landhauses eine Maus entdeckt hatten, packte Tom seinen Joe und warf ihn in den Schrank zu der Maus. Nach einer Stunde vollkommener Stille öffnete Tom die Tür: Heraus wischte die Maus, schoß quer durch den Flur und verschwand durch eine Ritze neben der Haustüre in die Freiheit. Hinterher trudelte seelenruhig Joe und nahm die Beschäftigung wieder auf, bei der Tom ihn so rüde unterbrochen hatte.

Warum verhielt sich Joe so anders, als man es von Katzen allgemein erwartet? Vielleicht interessierte sich der Kater aus Prinzip nicht für die Mäusejagd, oder aber seine Mutter hatte keine Gelegenheit gefunden, ihrem Sohn diesen Sport beizubringen, bevor er den Flemings übergeben wurde. Es ist auch möglich, daß Joe zu vollgefressen war – später machte er eine Schlankheitskur –, um sich für eine Maus anzustrengen.

Viele Stadtkatzen – allerdings nicht Joe Fleming – sind auf die Jagd geradezu versessen. Ständig »töten« sie irgendwelche Gegenstände – hübsch verpackte Weihnachtsgeschenke, herumliegende Schnüre oder Cellophanhüllen von Zigarettenpäckchen. Das Rascheln des Cellophans könnte an das Rumoren einer Maus in ihrer Höhle erinnern. Ich weiß nicht, ob deshalb Cellophan das beliebteste Katzenspielzeug auf der ganzen Welt ist – trotzdem sollte man einer Katze nie eine verknüddelte Packungshülle zuwerfen. Sobald sie das Cellophan hinunterschluckt, bringt sie sich in Gefahr.

Auf dem Land klagen oft die Leute, daß sie ihrer Katze im Haus ein Mordverbot auferlegen müssen. Es ist eben ein Ding, wenn der Liebling im Garten mit den Maulwürfen aufräumt, und ein anderes, wenn diese Tiere quieksend durch unser Wohnzimmer hetzen. Wer will schon Kaninchen, Frösche, Schlangen, Backenhörnchen oder Vögel durchs Haus geschleppt haben. Eine Katze zeigt die Beute ihrem Besitzer, um gelobt zu werden – dieser weitverbreiteten Ansicht stimme ich nicht zu. Ich halte es mit Muriel Beadle, die glaubt, die Katze wolle ihrem Besitzer das Jagen beibringen, so wie sie es von ihrer Mutter gelernt hat.

Es heißt, eine Katze, die sich verlaufen habe, schlage sich besser durch als ein Hund. Das wird wohl so sein. Ein Hund ist darauf angewiesen, daß ihm sein Fressen vorgesetzt wird, während eine Katze, auch wenn die Mutter ihr das Jagen nicht beibrachte und schon ihre Urgroßeltern als Stadtkatzen lebten, für einige Zeit ihr Leben allein fristen kann. Der natürliche Instinkt für den Beutefang läßt sie nicht im Stich.

Häufig steigt eine Katze durch ein offenes Fenster und verschwindet. Falls sie nicht unter ein Auto kommt, wird sie sich mit ihren Krallen leicht ihr Fressen besorgen.

Mit ihren Krallen, jawohl. Mir kocht das Blut, sobald ich an die grausamen Barbaren denke, die ihren Katzen die Krallen wegschneiden lassen. Ich bin dagegen – niemand und nichts kann mich da umstimmen.

Die Barbaren führen meist als wichtigsten Grund an: Sie möchten verhindern, daß sie selber oder ihre Möbel zerkratzt werden. Diese Egoisten! Was muten sie ihrem angeblich heiß geliebten Haustier zu! Eine körperlich und seelisch strapaziöse Operation. Und eine Katze kommt spät oder gar nicht über diesen Schock hinweg.

Oft wird operiert, bevor der Besitzer auch nur versucht hat, das Tier an einen Kratzbaum zu gewöhnen. Ich habe sogar erfahren, daß Leute bloß eine krallenlose Katze nehmen wollen. Von mir würden sie nie eine erhalten, denn dieses Ansinnen zeigt bereits, wie wenig katzengerecht dieser Haushalt eingestellt ist.

Ohne Krallen hat eine Katze Mühe mit dem

Gleichgewicht. Der Volksmund sagt nämlich nicht die Wahrheit, wenn er einer Katze einen angeborenen Gleichgewichtssinn und neun Leben zubilligt. Ich bitte Sie: Wie könnten sonst so viele Katzen von einem Sims oder Balkon fallen? Und vielleicht schon den ersten Sturz nicht überleben?

Der Besitzer sollte darum seiner Katze die Krallen schneiden und einen Kratzbaum aufstellen.

Dort schärft die Katze ihre lang gewordenen Krallen, die ja, wie bei uns die Nägel, wachsen. Wenn unsere Mieze nichts Geeignetes vorfindet, wird sie manchmal die Krallenspitzen abbeißen, damit sie nicht in die Zehen einwachsen. Doch ein Tierhalter, der seine Katze liebt, wird ihr regelmäßig die »Nägel schneiden«, allerdings nur die weiße, gebogene Spitze, nicht das durchblutete, rosa gefärbte Stück.

Katzen mögen Maniküre nicht leiden, aber wenn Ihr Liebling vor sich hin döst, können Sie seine Pfote packen und ein paar Krallen beschneiden, bevor er sich zum Protest aufgerappelt hat. Eine gute Gelegenheit bietet sich auch gleich nach dem Fressen, das macht die Katze träge. Natürlich können Sie als Glückspilz eine der seltenen Katzen besitzen, welche diese Pflege schätzen.

Um Vorhänge, Teppiche und Polstermöbel zu schonen, müssen wir der Katze zum Krallenschärfen einen annehmbaren Ersatz bieten. Ich rate zu einem mit Sisal umwickelten Kratzbaum. Sisal ist rauh und fest und unterscheidet sich in seiner Struktur von den kostbaren Stücken Ihres Hausrats. Wenn Sie einen mit Teppichresten bezogenen Kratzbaum anschaffen, wird Ihre Katze bloß verwirrt. Warum ist das Krallenwetzen an diesem Kratzbaum erlaubt, aber nicht am Teppich auf dem Boden? Ja, warum? Niemand wird Ihnen dieses notwendige Gerät als Schmuck Ihres

Heims anpreisen, aber es paßt ohne Aufwand an jeden Ort, den Ihre Katze regelmäßig aufsucht: neben das Katzenklo oder die Freßschüssel oder den bevorzugten Schlafplatz. Die Chefredakteurin einer führenden Illustrierten lebt in einem todschicken New Yorker Apartment, dessen Wohnzimmer ganz in Beige gehalten ist, und derselbe Farbton wurde auch für den Kratzbaum und den Hochsitz unter der Decke für die beiden Katzen Barnabas und Tulpe gewählt.

Die schönste Geschichte von einem Kratzbaum hat mir Mrs. Kahn erzählt. Sie bewahrte das Gerät im Eßzimmer auf, das hatte sich so ergeben, da ihre Katze aus Prinzip diesen Gegenstand mißachtete, wo immer er stand. Und nun verstaubte er, schon seit Jahren vergessen, in einer Ecke. Nur eines der Hausmädchen mußte sich über den Kratzbaum den Kopf zerbrochen haben, denn sie faßte all ihren Mut zusammen, als sie ihre Stellung aufgab, und fragte, was es mit diesem Gegenstand im Eßzimmer eigentlich auf sich habe. »Ich möchte ja nicht unhöflich sein«, sagte sie, »aber hat das Ding mit Ihrer Religion zu tun?«

Wie verhalten wir uns, wenn unsere Katze das Sofa anpeilt statt den Kratzbaum? Mit einem entschiedenen »Nein« tragen wir unseren Liebling zum Kratzbaum hinüber, führen mit seinen Pfoten die entsprechenden Bewegungen aus und loben ihn: »Braves Miezchen, gutes Tierchen.« Es muß nicht unbedingt die erste Lektion sitzen, aber mit der Zeit sollte die Katze gehorchen. Allerdings bestätigen viele Ausnahmen diese Regel. Aber selbst wenn Sie eine solch dickköpfige Ausnahmekatze besitzen, die es ausschließlich auf Ihr teures Sofa abgesehen hat, lassen Sie ihr nie, nie die Krallen wegoperieren!

Ich bin übrigens auch dagegen, daß Hunden die Ohren oder der Schwanz gestutzt wird. Was soll dieser kosmetische Unsinn? Manche Leute werfen mir eine doppelte Moral vor. Wie könne ich für die unverfälschte Natur plädieren, solange es sich um Katzenkrallen oder Hundeohren und -schwänze handle, während ich ohne Gewissensbisse Katzen kastriere? Nun, das steht auf einem anderen Blatt, denn eine Hauskatze lebt – im Gegensatz zur Wildkatze – in eingeengten Verhältnissen und *muß* kastriert werden.

Um für Nachwuchs zu sorgen, ist die geschlechtsreife Katze zwei- bis dreimal jährlich rollig. Während dieser Zeit gequälten Unbehagens und übersteigerter Nervosität verweigert die stark miauende Kätzin meist das Fressen und magert ab, bis sie nur noch Haut und Knochen ist. Wer behauptet, ein kastriertes Weibchen werde feist und träge, hat überhaupt nichts begriffen. Die Operation entfernt allein die Ursache der Abzehrung und erlaubt der Kätzin, ohne Beeinträchtigung ihr normales Gewicht zu halten.

Ein in die Wohnung gesperrter brünstiger Kater würde ohne Kastration ebenfalls leiden und dazu gefährlich aggressiv werden. Das unangenehme »Spritzen« auf die Möbel kann sogar den begeistertsten Katzenfreund aus seinen vier Wänden vertreiben, denn die Geruchsmarkierungen widerstehen allen Reinigungsmitteln. Übrigens neigt auch die rollige Kätzin gelegentlich zum Spritzen von Urin.

Oft ändert sich diese Gewohnheit nicht einmal durch die Kastration – die immerhin den penetranten Geruch mindert –, da Katzen aus vielerlei Gründen spritzen können, z. B. um ihr Territorium abzustecken oder um den Besitzer zu strafen, weil sie ärgert, was er macht, oder auch, was er nicht macht. Soviel zur Kastration und ihrer Nützlichkeit.

Man möchte annehmen, daß eine Stadtkatze, die als einziges Haustier in einer Wohnung lebt und nie ins Freie kommt, vor allen Gefahren bewahrt bleibt. Weit gefehlt – denn Katzen lieben Fenster. Sie sonnen sich mit Wonne auf dem Fenstersims und beobachten das Treiben auf der Straße. Und mit Vorliebe quetschen sie sich noch durch den schmalsten Spalt, sobald das Fenster offensteht. Denn keine Katze hat Angst vor der unbekannten Fremde oder überschätzt das Glück ihres trauten Heims. Darum sollte jeder Katzenbesitzer fürsorglich die Fenster mit Gittern sichern, damit er sie öffnen kann.

Katzen soll man auch nicht auf Dachterrassen herumspazieren lassen, weil sie aus Neugier dann das Plätzchen des Nachbars erforschen und unversehens weg sind oder, schlimmer noch, herunterfallen und sich verletzen. Nicht immer gelingt es der Katze, sich zu drehen und auf ihren vier Pfoten zu landen.

Ich kenne Katzen, die bei einem Sturz aus drei oder fünf Meter Höhe sich die Beine gebrochen haben, aber ich erinnere mich auch an den Anruf einer Klientin, die vor ein paar Jahren meldete: Sie habe beim Frühjahrsputz das Fenster aufgemacht, und ihr Kater sei aus dem 13. Stock gefallen.

»Was wollen Sie?« fragte ich. »Rufen Sie den Abdecker, damit er die tote Katze holt.«

»Sie haben mich falsch verstanden, Herr Dr. Camuti, natürlich stürzte mein Kater runter, doch er versucht, wie der Portier sagt, die Backsteinmauer hinaufzuklettern.«

»Gleich bin ich da.«

Ich traute meinen Augen nicht: In der Wohnung hockte die Katze, ein bißchen beduselt zwar, aber sonst wohlbehalten bis auf einen ausgeschlagenen Zahn.

Vergitterte Fenster bieten nicht nur den Vorteil, Katzen drinnen zu halten, sondern auch draußen. Bei schönem Wetter ließen die beiden Charriers in ihrer Wohnung in Manhattan stets ein Fensterchen aufstehen. Schließlich gehörte ihnen keine Katze – sie hatten bloß Pensionsgäste, denn Elisabeth fütterte alle obdachlosen Katzen, die im Vertrauen auf eine milde Gabe bei ihr vorbeischauten. Elisabeths Freigebigkeit mußte sich herumgesprochen haben, jeden Tag paradierten vierbeinige Veteranen unter ihrem Fenster, um sich vor dem nächsten Abenteuer zu stärken.

Die Katzen warteten geduldig, bis Elisabeth mit dem Futternapf auftauchte, mit einer Ausnahme. Ein verwegener Kater mit ausgefranstem Ohr erschien meist in aller Frühe, wenn die Charriers noch schliefen. War das Fenster geschlossen, bollerte er dagegen und weckte sie. Stand das Fenster offen, heulte er aus Leibeskräften, um Elisabeth in Trab zu setzen.

Wen überraschte es, daß eines Tages ein schwarzweiß gescheckter Kater beschloß, sich nicht mehr allein durchzuschlagen. Wozu auch? Die Charriers waren doch so großzügig. Er stieg durch die Gitterstäbe vor dem Fenster und okkupierte den bequemsten Sessel. Elisabeth und Michael würden ihn schon finden und durchfüttern. Die Charriers tauften ihn Bogart. Bei genauer Prüfung stellte sich heraus, daß Bogart nicht aus der Gosse stammte: Er war kastriert worden. Wahrscheinlich hatte Bogart in einem Anfall von Wanderlust sein früheres Heim verlassen oder er war vor Mißhandlungen ausgerissen. Nichts wies darauf hin, wie lange er herumzigeunert war, doch eins stand fest: Bei den Charriers fühlte er sich bestens aufgehoben. Obwohl das Fensterchen immer noch aufbleibt, schlüpft er nie hinaus.

Nicht jedem bringt ein offenes Fenster Glück. Im Gegenteil, Charlotte Abbott machte sehr unerquickliche Erfahrungen. Miß Abbott besaß ein reizendes getigertes Katzenfräulein namens Maruschka. Maruschka hatte die ganze Parterrewohnung und einen kleinen Garten zur Verfügung, in dem sie jeweils ein paar Grashalme knabberte, um dann auf der Terrasse ein wenig zu schlummern.

Doch dann erschien ein Russisch Blauer Kater auf der Bildfläche. Fast jeden Tag sprang er über den Zaun und vertrieb Maruschka aus ihrem eigenen Garten, ja, er verfolgte sie sogar bis in die Wohnung, und einmal wurde die Ärmste vor den Augen ihrer Besitzerin im Wohnzimmer von ihm verdroschen.

Miß Abbott war wütend, aber was sollte sie tun, außer alle Fenster hermetisch zu schließen? Doch diese Lösung befriedigte sie nicht im geringsten, denn der Russisch Blaue stolzierte immer noch durch ihr Gärtchen, während die gute Maruschka drinnen hockte.

Bei einem Schwatz mit der Nachbarin kam Miß Abbott auf den ekelhaften Russisch Blauen zu sprechen. Und siehe, auch diese hatte der »Gangsterkater« belästigt. Obwohl die Nachbarin keine Katze hielt, war er durch das Badezimmerfenster bei ihr eingestiegen und durch die ganze Wohnung spaziert. »Aber nur ein einziges Mal«, berichtete sie, »sobald er nämlich mein Stofftier sah, ein Wolfsjunges, ungefähr dreißig Zentimeter groß, schoß er wie der Blitz aus meinem Apartment. Einen solchen Bammel hat er gekriegt! Seither sitzt das Stofftier auf meinem Fenstersims und hält mir den gräßlichen Kerl vom Leibe.«

Entgegenkommend lieh die Nachbarin das Wolfsjunge an Miß Abbott aus, die es vor dem Garteneingang zu ihrer Wohnung aufstellte. Als der Russisch

Blaue am nächsten Tag durch »sein« Territorium strich, entdeckte er das Stofftier. Ein Sprung über den Zaun, und weg war er. Nach ein paar Tagen blieb er ganz aus, und Maruschka konnte ihr kleines Glück im Freien wieder genießen.

George Freedley, der Theaterkritiker des ›Morning Telegraph‹, beschäftigte mich über Jahre hin als Leibarzt für Prinzessin Amber, Herrn Schwarz, Mr. Mondschein und Mr. Cat, der ein bezauberndes Original war, wenn man seinem Besitzer glaubte.

Solange George und Mr. Cat in Manhattan zusammen hausten, war in der ganzen Wohnung kein einziges Fenster vergittert. Und Mr. Cat, ein geborener Dieb und Vagabund, kehrte immer zurück. Durch das Fenster im Schlafzimmer konnte der Kater nach Belieben kommen und gehen, über Terrassen und Feuerleitern turnte er in weite Fernen. Oft brachte er von seinen Reisen ein Souvenir mit: mal einen Handschuh, mal einen Hut oder ein Toupet. Da George keine Ahnung hatte, wo Mr. Cat sich herumtrieb, konnte er das Diebesgut nicht zurückbringen. Gewiß, George schämte sich – angeblich. Dennoch legte er Mr. Cats Beutestücke säuberlich in eine Schachtel, die er für bevorzugte Gäste nicht ohne Stolz hervorholte.

Man mag Mr. Cat charmant finden, ich hielt ihn für einen niederträchtigen Burschen, durch und durch, und unsere Beziehung war mehr als kühl.

Wenn George Mr. Cat in mein Tierspital brachte, knurrte der Kater während der ganzen Taxifahrt, und bei der Ankunft war er derart gereizt, daß George den Deckel des Reisekorbs knapp lüftete und ich der Katze sofort eine Injektion verabreichte.

Wahrscheinlich haßte Mr. Cat das Einsperren im Reisekorb nicht weniger als mich. Wenn ich je einen

Beweis brauchte, daß Katzen zu Hause und nicht in der Praxis behandelt werden sollten, Mr. Cat wäre mein Kronzeuge. Allerdings verabscheute er mich bei meinen Visiten auf seinem Grund und Boden nicht weniger. Es war sinnlos, Mr. Cat nach meinem probaten Rezept im Badezimmer einzusperren, denn sobald ich durch die Tür schlüpfte, glitt er an mir vorbei. Deshalb mußte Mr. Cat meinen Hausbesuch im Reisekorb erwarten, was unsere Beziehungen auch nicht verbesserte.

Bei seinen Diebstählen ging Mr. Cat wie ein Sammler vor, der sich auf die verschiedensten Gebiete spezialisiert. Erst schleppte er eine große Auswahl von Maßbändern heim. George vermutete, daß der Kater sie in den Ateliers der Hutläden und Boutiquen mitnahm, die zu seinem Wohnblock gehörten. Dort entdeckte der Kater wohl auch den übrigen Tand wie Stoffreste, Borten, Spitzen, der ihn entzückte. Und eines späten Abends rückte Mr. Cat mit einem Strohhut an. George regte sich fürchterlich auf, aber was sollte er machen? Seine Katze hatte offensichtlich über die vergitterten Fenster und Alarmanlagen der Geschäfte triumphiert. Und er konnte doch nicht mit dem Strohhut von Laden zu Laden ziehen und fragen, wem dieses modische Stück gehöre, um dann dem Eigentümer seine Katze als Dieb zu präsentieren. George war überzeugt, daß er sofort ins Irrenhaus gesteckt würde.

Also unternahm George gar nichts. Zum Dank übertraf Mr. Cat sich selbst und schleifte einen noch nicht fertig genähten grauen Rock an. Wieso in einer derart belebten Stadt wie New York niemandem eine Katze mit einem Rock zwischen den Zähnen aufgefallen war, blieb George ein Rätsel.

Eines Abends, George war soeben von einer Theaterpremiere heimgekehrt, erschien Mr. Cat mit einem grauen Wildlederhandschuh, den er stolz vor sein Herrchen legte. Schnurrend wartete er auf ein Lob. Doch George, der schon lange aufgegeben hatte, den Dieb mit mahnend erhobenem Finger und dem Vorwurf »Böse Katze!« zu erziehen, schüttelte nur resigniert den Kopf und legte den Handschuh auf seine Kommode.

Ein paar Tage später bot George einem Besucher Mr. Cats letzte Heldentat und wies den grauen Wildlederhandschuh vor, der wie angegossen paßte. »Er könnte mir noch den zweiten bringen«, sagte er leichthin, nur um der Pointe willen. Dann legte er den Handschuh zurück auf die Kommode und breitete den Inhalt von Mr. Cats Beuteschachtel vor dem Gast aus, ohne zu merken, daß der Kater verschwunden war.

Nach einer Stunde stand Mr. Cat wieder da mit einem grauen Wildlederhandschuh im Maul. George dachte zuerst, es sei der alte von der Kommode, und wollte ihn aufräumen, doch da entdeckte er, daß ihm der zweite Handschuh geschenkt worden war. Was blieb ihm übrig, als das Paar reinigen zu lassen und zu tragen? Er protzte jahrelang damit.

Die Schauspielerin Lillian Gish, eine Freundin von George, konnte einfach nicht glauben, daß alle Beutestücke in der berühmten Schachtel von Mr. Cat gestohlen waren. »Weißt du, George«, frotzelte sie, »das sind doch alles Spielsachen, die du deinem Kater geschenkt hast!«

Das hörte Mr. Cat, der daneben saß. Er reckte sich, verließ das Wohnzimmer, schlüpfte durch das offene Fenster im Schlafzimmer und kehrte kurz darauf mit einer schwarzen Samtschleife zurück, die er Miß Gish zu Füßen legte. Sie mußte Mr. Cats Geschenk annehmen, George bestand darauf.

1967 traf ich Lillian Gish beim Trauergottesdienst für George Freedley wieder. Sie sprach dabei über seine Liebe zum Theater und ich über sein Verhältnis zu Katzen. Ich glaube, es hätte George gefreut: Die zwei großen Amouren seines Lebens wurden gewürdigt.

Leider habe ich nicht aufgepaßt, ob Lillian Gish auch die schwarze Samtschleife angesteckt hatte, das Geschenk von Mr. Cat.

9. Kapitel
Das sollten Sie wissen

Stammbäume langweilen mich zu Tode, denn sie sagen ja nichts aus über Ihre Liebe zu einer Katze oder wie sehr die Katze Sie wiederliebt. Und wenn irgend etwas zählt, dann diese innige Beziehung zwischen Mensch und Tier.

Sobald sich einer aufbläht: »Meine Rassekatze besitzt einen ellenlangen Stammbaum«, schüttle ich mitleidig den Kopf. Schließlich hat jedermann einen Stammbaum, zurück bis Adam und Eva, was bedeutet das schon. Nur für einen Züchter von Edelkatzen spielt die Ahnentafel eine Rolle. Aber meine nettesten Patienten waren ganz gewöhnliche Hauskatzen, Findelkinder von der Gasse.

Diese Wichtigtuerei mit dem Stammbaum ist nur durch geldgierige Züchter in Mode gekommen. Ich kann mir nicht erklären, warum ein vernünftiger Mensch mehrere hundert Mark für ein Jungtier aus einer Zucht ausgibt, wenn der Tierschutzverein und jeder zweite Katzenbesitzer im ganzen Land mit Freuden ein Kätzchen verschenkt, damit es ein gutes Heim findet. Es muß wohl mit dem Selbstwertgefühl zu tun haben oder mit dem Verlangen nach einem Statussymbol, kurzum mit irgendeinem Unsinn.

Es muß einmal mutig gesagt werden: Wer ein Jungkätzchen beim Züchter kauft, läuft Gefahr, ein krankes Tier zu erwerben. Darum schauen Sie sich lieber in der Nachbarschaft um, ob eine Katze geboren hat und ein Junges abzugeben ist, dann wissen Sie wenigstens über die Gesundheit der Mutter Bescheid. Der Weg zu einem guten Züchter bleibt immer die zweitbeste Lösung. Gewiß kümmert er sich um die Gesundheit seiner Tiere, aber die Wahrscheinlichkeit, daß sich unter seinen zahlreichen Schützlingen eine Infektionskrankheit ausbreitet, ist sehr, sehr groß.

Entscheiden Sie sich für ein Jungkätzchen. Es besitzt die ersten zwölf Wochen seines Lebens durch die Muttermilch natürliche Abwehrstoffe. In der kurzen Zeit, da das Kätzchen entwöhnt, aber noch immun ist (8.–12. Woche), kann die Gesundheit im großen und ganzen garantiert werden. Sobald das Kätzchen beim Züchter länger herumhockt, liest es voraussichtlich irgend etwas auf. Am schnellsten sind die anfälligen Bronchien infiziert. Und ein krankes Tier, das ein Veterinär kurieren muß, bedeutet für den Züchter verlorenes Geld. Ein rascher Umschlag seiner Katzenware liegt also im Interesse des Händlers – es ist traurig und erschütternd, wie seelenlos der Mensch hier handelt und welche Leiden er den Katzen zufügt.

Wählen Sie sich kein Kätzchen aus, das jünger ist als 10 Wochen, und verlangen Sie zu diesem Punkt genaue Auskünfte. Erkundigen Sie sich auch, 1. wo die Katze herkommt, 2. ob sie gesund ist und gegen »Katzenstaupe« geimpft wurde, 3. mit welchen anderen Katzen sie zusammen war und 4. wie sie gefüttert wurde.

Wer viel fragt, erhält bekanntlich viel Antwort, doch beharren Sie auf ehrlichen Angaben. Der Erwerb eines Kätzchens ist nämlich immer ein Glücksspiel.

Katze ist nicht gleich Katze, es bestehen da erhebliche Unterschiede im Temperament der Rassen und der Individuen. Natürlich ist die Mieze, in die Sie sich verlieben, die beste Katze der Welt, ganz egal, wie sie aussieht. Aber zur Liebe gehören auch ein paar Kenntnisse über die verschiedenen Rassen.

1. Die gewöhnliche kurzhaarige Hauskatze ist am weitesten verbreitet. Sie besitzt, durcheinandergemischt, etwas von Vater und Mutter, und beide Geschlechter sind normalerweise nicht reinerbig für irgendeine Fellfärbung und Musterung.
2. Edelkatzen
   a) Kurzhaarformen. Die Einteilung erfolgt nach Rassestandards: Burma-, Siam- Abessinierkatze z. B. Die Siamkatzen sind wegen ihrer Schwatzhaftigkeit sehr beliebt. Je älter sie werden, desto mehr reden sie wie alte Leute vor sich hin.
   b) Langhaarformen. Sie sind im Prinzip wesentlich ruhiger als die Kurzhaarkatzen. Die Einteilung erfolgt hauptsächlich nach der Fellfarbe: weißer, blauer, rotgestromter Perser etc. Gestromt heißt übrigens gestreift (Tabby).

Heute umfaßt meine Praxis zu 85% gewöhnliche Hauskatzen, zu 10% Kurzhaar- und zu 5% Langhaarkatzen. Langhaarkatzen sind aus der Mode gekommen, wahrscheinlich übte der Aufwand an Pflege eine abschreckende Wirkung aus, denn man muß die Tiere täglich gewissenhaft kämmen und bürsten. Und auch dann noch können sich schmerzhafte Haarverfilzungen bilden, die weggeschnitten werden sollten.

Ich habe Langhaarkatzen sogar anästhetisiert, um

das verfilzte Fell ratzekahl wegzuschneiden, das sich in einem Stück ablöste. Meistens reichen aber weniger drastische Maßnahmen aus, und ich beseitige die Haarknötchen mit der Trimmschere. Das Fell wächst innerhalb von zwei bis drei Monaten wieder nach, so daß eine geschorene Katze anfangs wohl friert, doch bis auf ihren Schönheitssinn unverletzt geblieben ist. Nun sind aber Katzen gewaltig eitel, und ich habe erlebt, daß sie, voller Scham über ihre Nacktheit, sich versteckten oder entsetzt in einen Spiegel starrten. »Wer, zum Teufel, ist denn das?« schienen sie ihr haarloses Spiegelbild zu fragen.

Aber es ist sinnlos, das verfilzte Fell einer Langhaarkatze nicht wegzuschneiden. Die Haarknoten behindern und quälen sie und beeinträchtigen zudem ihre Gesundheit. Zuerst verknoten sich die Haarspitzen, dann verfilzt dort das Fell, und je dichter es sich verflicht, desto heftiger wird an der Haut gezerrt. Unter dem Filz bilden sich Schuppen, oder die Haut trocknet aus und juckt, weil die Katze sich nicht mehr mit der Zunge reinigen kann.

Auch Kurzhaarkatzen sollen regelmäßig gepflegt werden, damit sie beim Putzen nicht zu viele Haare herunterschlucken und im Magen sich gefährliche Bezoare zusammenballen.

Katzen, die sich im Freien tummeln, haben im Winter ein dichtes, wärmendes Fell, im Sommer hingegen wächst die Unterwolle kürzer und dünner. Die Stadtkatze, die bei gleichbleibender Temperatur in der Wohnung lebt, ist auf den jahreszeitlich bedingten Pelzwechsel nicht angewiesen. Das verwirrt Mutter Natur derart, daß unser Liebling das ganze Jahr über haart.

Nur wenige Exemplare wissen das tägliche Kämmen und Bürsten zu schätzen; am besten gewöhnen

Sie Ihr Kätzchen von klein auf daran. Den ersten Preis im Reinlichkeitswettbewerb muß ich Mary Gangems Siamkatze Holly verleihen. Holly ist bestimmt die sauberste Katze im ganzen Land, denn sie läßt sich mit Wonne staubsaugen!

Wenn neben einer Katze der Staubsauger in Betrieb gesetzt wird, sucht sie das Weite, als ob der Teufel hinter ihr her wäre. Doch nicht unsere Holly. Dieses sanfte, liebevolle Geschöpf war von Marys brummendem Electrolux sogleich fasziniert. Sie schlich sich langsam in immer engeren Kreisen an die Maschine heran, spielte ein bißchen mit dem Schlauch und schmiegte sich zuletzt an den Wagen. Nach dem romantischen Vorspiel warf sich Holly auf den Rücken und strampelte verführerisch mit den Pfoten.

Ihre Herrin saugte eben mit der Möbeldüse das Sofa, doch als sie Holly so einladend daliegen sah, fuhr sie ihr leicht über das Fell. Die Siamkatze sollte einmal spüren, wie das ist. Holly war begeistert und begann zu schnurren.

Mary, nicht dumm, erkannte gleich den Nutzen: Sie saugte Holly von oben bis unten, und die Katze rollte sich bereitwillig hin und her. Dann entfernte Mary die Düse und saugte den Schwanz ins Rohr.

Ich traute meinen Augen kaum, als ich das sah. Holly ist es übrigens egal, welche Düse aufgesteckt ist, sie nimmt auch mit dem Rohr vorlieb. Sobald Mary den Putzschrank öffnet, legt die Katze sich hin und schnurrt. Sollte ihre Schönheitspflege zugunsten des Hausputzes aufgeschoben werden, protestiert Holly laut aufbegehrend und zerreißt gelegentlich zur Strafe Marys Nylonstrümpfe.

Eine zweite Holly gibt es so schnell nicht wieder. Darum versuchen Sie erst gar nicht, Ihre Katze zu saugen – sie wird höchstwahrscheinlich wie fast alle im Staubsauger ihren Todfeind erkennen. Wenn aber Ihre Oswilla sich interessiert an das Gerät heranmacht, schalten Sie ruhig ein und stecken Sie eine sanfte Bürstendüse auf; das Problem der Fellpflege könnte schlagartig gelöst sein.

Als die Dolbiers noch in Manhattan wohnten, mußte ihre Langhaarkatze Drusus einmal kahl geschoren werden, das Fell war derart verknotet, daß mir nichts anderes übrigblieb.

Zu Hause erwachte Drusus aus der Narkose, doch seine Halbschwester – sie hat einen anderen Vater – erkannte ihn nicht wieder. Noch etwas belämmert ging er auf Jenny zu, mit der ihn eine herzliche Katzenliebe verband. Was mit ihm geschehen war, hatte er noch gar nicht gemerkt. Zu seiner Überraschung machte die ruhige, stets fröhliche Schwester einen Buckel und wehrte ihn knurrend und fauchend ab. Drusus verstand die Welt nicht mehr. Was hatte Jenny bloß gegen ihren Lieblingsbruder? Unbeirrt steuerte er auf sie zu, da schlug sie ihm mit der Tatze eins über die Nase.

Der gute Drusus wankte von dannen und versteckte sich vor Jenny und den Dolbiers. Eine echte Depression hatte ihn gepackt: Tagelang ließ er sich nicht mehr blicken und verweigerte das Fressen.

Da brachte ein Besuch Mary Dolbier einen Strauß Strandnelken mit. Mary legte ihn auf den Küchentisch, um später in aller Ruhe eine Vase zu holen, und setzte sich im Wohnzimmer zu dem Gast.

Drusus kroch aus seinem Versteck und entdeckte den Strauß, der ihn anlockte wie Katzenminze.

Den Dolbiers blieb die Spucke weg, als sie ihre Küche betraten: Der Boden war mit angenagten Strandnelken übersät, und mittendrin hockte Drusus, munter und hungrig. Seine fröhliche Respektlosigkeit hatte Jenny in eine Ecke gedrängt, aus der sie hilflos fauchte.

Offensichtlich war Drusus der Übeltäter, doch die Dolbiers konnten kaum glauben, daß ihr geschwächter, unterernährter Kater so mir nichts, dir nichts auf den Küchentisch gesprungen war. Sie legten darum die Reste des Straußes auf den Flügel im Wohnzimmer, dann wurde Jenny mit Futter und Katzenklo über Nacht ins Gästezimmer gesperrt.

Am anderen Morgen fand man Stengel und Blüten in der Wohnung verstreut, während Drusus kahl, aber glücklich auf dem Flügel schlief. Er hatte auch den höheren Sprung geschafft!

Mrs. Lincoln war in ihren Langhaarkater und die vier Siamkatzen ganz vernarrt, doch über die Gefühle ihres Mannes, des dynamischen Präsidenten einer Lebensversicherungsgesellschaft, wußte ich nicht Bescheid, bis der Langhaarkater geschoren werden mußte. Da offenbarte sich sein Herz für Katzen.

Der Langhaarkater hatte sich in der Katzenfamilie als Boß etabliert, und unter seinem Regiment gab es für die vier Siamesen nichts zu lachen.

So wollte der Boß stets allein fressen, und erst wenn er satt war, ließ er die übrigen Katzen an ihren Napf. Gefiel ihm das Schlafplätzchen eines Siamesen, schubste er ihn weg und machte es sich an seiner Stelle gemütlich. Und wenn einer muckte, fackelte der Boß nicht lange, sondern forderte ihn zum Kampf, der nach einer kurzen, lärmenden Szene stets mit dem Rückzug des Siamesen endete.

Die Lincolns bewohnten in der Nähe von Park Avenue ein Stadthaus mit zwanzig Zimmern. Die fünf

Katzen hatten neben den Dienstbotenwohnungen einen Raum für sich unter dem Dach. Eines Tages erschien Mrs. Lincoln in meiner Praxis, begleitet von ihrem Chauffeur, der den Langhaarkater trug. Sie erklärte mir, sie fahre gleich weiter zu ihrer Farm in Pennsylvanien, wolle jedoch die Katze nicht mit ihrem verfilzten Fell zurücklassen. »Würden Sie den Boß bitte betäuben und scheren und nachher im Stadthaus abgeben? Es ist jemand da, der sich um ihn kümmert.« Ich willigte ein.

Am Nachmittag nahm ich die Narkose vor und schnitt den verknoteten Pelz weg. Der Boß war kahlgeschoren bis auf eine Halskrause und Gamaschen an den Beinen: Er sah aus wie ein Löwe, fand ich, was zu seinem Charakter wahrlich paßte.

Ich chauffierte nach der Sprechstunde mit der noch immer betäubten Katze im Fond zum Lincolnschen Stadthaus und übergab den Reisekorb einem Hausmädchen. Ich schärfte ihr ein, den Langhaarkater von den übrigen Tieren abzusondern und jede Stunde auf die andere Seite zu drehen, bis er aufwachte. Meine Vorschriften gingen zum einen Ohr rein und zum anderen raus.

Auf dem Heimweg muß ich noch eine Visite eingeschoben haben; als ich nämlich über zwei Stunden später meinen automatischen Anrufbeantworter abhörte, kam dreimal die Meldung: »Dringend Mr. Lincoln anrufen.«

Ich tat es sogleich. Mr. Lincoln tobte vor Wut, bis er sich glücklich soweit beruhigt hatte, um mir zu schildern, was vorgefallen war. Das Hausmädchen hatte den betäubten Boß ins Katzenzimmer zu seinen vier Siamsklaven getragen. »Kurz darauf bin ich zu Hause eingetroffen, um mich vor dem Umziehen noch etwas auszuruhen. Kaum lag ich im Bett, als über meinem Kopf ein Höllenspektakel losging mit Kreischen und Poltern. Ich rannte in den oberen Stock zum Katzenzimmer.«

Offenbar hatten die vier Siamesen an dem schlafenden Fremdling herumgeschnuppert und zu guter Letzt in dieser wunderlichen Katze ihren Erzfeind, den Boß, erkannt.

Als ihnen klarwurde, daß er bewußtlos war und sich nicht verteidigen konnte, fielen sie geschlossen über ihn her.

»Mein Liebling, mein armer Liebling«, jammerte Mr. Lincoln am Telefon, »es ist entsetzlich, kommen Sie schnell!«

»Wie der Blitz«, versprach ich ihm.

Im Katzenzimmer hockten in einer Ecke vier hochvergnügte Siamesen einträchtig beisammen, während auf der gegenüberliegenden Seite ein Häuflein Elend lag: der Boß, der nicht fassen konnte, was mit ihm geschehen war.

Ich mußte den Langhaarkater mit zwölf Stichen nähen – doch diesmal durfte er, den ich noch einmal betäuben mußte, seine Narkose im Schlafzimmer von Mr. Lincoln ausschlafen.

Als der Boß hellwach ins Katzenzimmer zurückkehrte, drängten sich die vier Revolutionäre verschüchtert zusammen. Von Stund an regierte der alte Diktator mit doppelter Strenge: Strafe mußte sein.

10. Kapitel
Menükarte für Katzen

Katzen sind Eigenbrötler, und ihre vornehme Zurückhaltung hat eine Menge Ammenmärchen in Umlauf gebracht - unglaublich, was ich über die Ernährung der Katze alles zu hören bekomme.

Kein Tag vergeht, an dem nicht ein Klient klagt, seine Mieze sei ein grauenvoller Schnösel und fresse nur ihr Leibgericht, sonst nichts! Ein anderer wirft sich in die Brust, er fülle seiner Katze den Futternapf immer randvoll, denn das Tier wisse genau, wann es satt sei! Beides ist Humbug.

Katzen fressen von Artischocken bis Oliven sozusagen alles und kehren bloß den Feinschmecker heraus, falls ihr Besitzer sich einschüchtern und kommandieren läßt. Welcher Katzenfreund hat schon den Mumm, seinem Tier die vorgeschriebene Kost hinzustellen und dann zwei oder drei Tage lang ungerührt zuzusehen, wie sein Liebling greinend den Inhalt des Futternapfes ablehnt. Dabei erlebt er, wenn er durchhält, das Schauspiel, daß sein Leckermaul mit Heißhunger die erst verschmähte Mahlzeit hinunterschlingt.

Mit dem Aberglauben von der kalorienbewußten Katze möchte ich ebenfalls aufräumen. Dazu dient folgende Geschichte.

Vor Jahren wurde ich telefonisch zu einer Klientin gebeten, deren Katze Lähmungserscheinungen zeigte. Vor der Visite schaute ich noch in der Patientenkartei nach und stellte fest, daß nach Ablauf von zwölf Monaten die Spritze gegen Virusschnupfen fällig war.

Der Butler öffnete auf mein Klingeln und führte mich in die Küche zu der Patientin. »Madame wird jeden Augenblick kommen!«

Ich sah mich um und fand die Katze hingefläzt unter dem Küchentisch – erst hatte ich sie für einen orangeroten Vorleger gehalten, bis sie sich schwach regte. Ich traute meinen Augen nicht: Es war die fetteste Katze meines Lebens, genauso breit wie lang. Als ich das Tier auf den Tisch gehievt hatte, hing die Wampe bis zur Platte herab. Ich rief den Butler.

»Wieviel wiegt der Koloß hier?«

»Fünfundzwanzig Pfund.«

»Wer füttert die Katze?«

»Ich. Sie bekommt jeden Tag ein Pfund gehacktes Rindfleisch.«

Das war entschieden zuviel, dennoch blieb mir die monströse Fettleibigkeit ein Rätsel. Die Katze war so träge, daß sie sich ohne den leisesten Widerstand von mir untersuchen ließ.

Als die Besitzerin heimkehrte, mußte auch sie Farbe bekennen: »Wieviel geben Sie Ihrem Liebling zu fressen?« Sie antwortete das gleiche wie der Butler.

Ich hatte überhaupt keinen Durchblick: Für die Aufrichtigkeit des Butlers wollte ich nicht die Hand ins Feuer legen, aber die Besitzerin hatte mich noch nie angelogen. Wie konnte sich eine normale Katze zu einer so ungeheuerlichen Pelzkugel auswachsen?

Ich versprach, am nächsten Tag hereinzuschauen – die Spritze hatte ich vor lauter Verwirrung gar nicht erst ausgepackt.

In der Nacht hatte ich Alpträume von dieser Katzenwalze und wachte mehrmals sorgenvoll auf. Ich mußte der Sache auf den Grund kommen.

Bei der Visite schickte ich den Butler weg und blieb mit der Katze allein in der Küche. Sie erhielt ihre Injektion gegen Virusschnupfen. Als ich die Spritze in den Müll warf, entdeckte ich dort viele leere Dosen Hundefutter.

Da dämmerte es mir. Die Leute hatten doch keinen Hund, und wer sich einen Butler hält, ernährt sich auch nicht mit Hundefutter!

Ich nahm den Butler ins Gebet, und er gestand, daß er der Katze das Hundefutter ohne Wissen der Hausfrau in den Napf schütte. Alles in allem fraß die Katze also fünf Pfund am Tag!

Ich explodierte. »Sie töten das Tier, das wissen Sie doch. Was hat das für einen Sinn?«

Erst wollte er nicht mit der Sprache herausrücken. Doch meine Drohung, diese kriminelle Dummheit seinen Arbeitgebern zu verraten, stimmte ihn um. Er hatte, erzählte er mir, von einer englischen Katze gelesen, die dreißig Pfund wog, und nun war es sein brennender Ehrgeiz, mit einer amerikanischen Katze diesen Rekord zu brechen.

Ich versprach zu schweigen wie das Grab, und er, den Dickwanst nur mit einer gekürzten Portion Rinderhack zu füttern.

Bereits nach einer Woche bewegte sich die schlanker gewordene Katze etwas munterer. Leider kam meine Rettungsaktion zu spät, denn eines Tages versuchte das übergewichtige Tier, auf einen Stuhl zu springen, doch die vielen Pfunde zogen es zu Boden: Die Katze fiel und brach sich das Rückgrat. Ich mußte die Ärmste einschläfern.

Wer glaubt noch an das Ammenmärchen, daß eine Katze sich nicht überfrißt?

Hunde können das notabene auch. Es ist noch nicht lange her, da wurde ich telefonisch zu dem Hund eines katholischen Priesters in Westchester gebeten. Bevor ich auf die Klingel gedrückt hatte, öffnete die Haushälterin schon die Türe, um mich über die Leiden des Hundes aufzuklären.

»Der Priester ist schuld«, sagte sie. »Er liegt mit Grippe im Bett und stopft seinen Liebling den ganzen Tag mit Süßigkeiten voll. Was soll ich bloß machen? Ich kann ihm doch den Hund nicht wegnehmen. Und er hört überhaupt nicht auf mich.«

Ausgerüstet mit diesen Informationen betrat ich das Schlafzimmer, wo ich eines der widerlichsten Hundeexemplare, die mir in meinem Leben begegnet sind, neben dem Pfarrer antraf. Der verfettete Cocker Spaniel wischte mit dem Bauch den Boden.

Sogleich winkte mir der Pfarrer, ich möchte doch die Türe schließen und nähertreten: »Damit sie uns nicht hört.« Er deutete auf den Boden, um auf die Haushälterin im unteren Stock hinzuweisen. »Seit ich krank bin, überfüttert mir diese Person meinen Hund. Sehen Sie nur!«

Offenbar wurde ich in den schönsten Familienstreit hineingezerrt! Als ich auf dem Nachttischchen eine offene Schachtel entdeckte, erkundigte ich mich bei dem Priester: »Essen Sie Pralinen?«

»Nur ein paar Stück am Tag.«

»Und der Hund?«

»Der mag Süßigkeiten nicht besonders.«

Wie aus Versehen klopfte ich während des Gesprächs leicht an die Schachtel, und sogleich watschelte der Hund zu mir herüber. Ich starrte den Priester bloß eine Minute lang an. Er errötete. Ich machte ihm nun unzweideutig klar, daß Süßigkeiten einem Hund schaden. »Wenn Sie Ihren Hund lieben, müssen Sie mit diesem Unfug ein für allemal aufhören.«

Der Pfarrer versprach mir Gehorsam. »Aber wissen Sie, Herr Dr. Camuti, es liegt nicht an mir. Diese Frau da unten ist schuld. Schauen Sie doch im Mülleimer in der Küche nach, wie viele leere Dosen von unserem Hundefutter sie heute weggeworfen hat.«

Ich stieg die Treppe hinunter. »Kann ich mir in der Küche noch die Hände waschen?« Die Haushälterin wies den Weg. Als ich meine Hände mit einem Papiertuch getrocknet hatte, bat ich die Frau, mir den Mülleimer zu zeigen, um es wegzuwerfen. Der Pfarrer hatte recht. Dort lagen doppelt so viele Dosen, als von Rechts wegen zu erwarten waren.

Jetzt blitzte ich die Haushälterin an. »Und Sie haben die Frechheit, den Pfarrer anzuschwärzen, wenn Sie dem Tier Portionen vorsetzen, mit denen Sie drei Hunde satt kriegen? Wollen Sie den Spaniel umbringen?«

»Ich liebe ihn doch!«

»Ihre Liebe befördert ihn ins Grab.«

Ich schrieb ihr die zuträgliche Futtermenge für den Hund auf, und sie schwor, sich daran zu halten. Nach ein paar Monaten war der Hund wieder in Form. Doch sooft ich den Cocker Spaniel noch behandelte, weder der Pfarrer noch die Haushälterin gaben je ihr Unrecht zu – schuld war immer der andere.

Wenn Sie eine gesunde Katze besitzen – andernfalls lassen Sie ihr vom Tierarzt die richtige Diät verschreiben –, stellt die Ernährung keine großen Probleme: Katzen sind Raubtiere, sie fressen Fleisch. Mehr ist dazu nicht zu sagen.

Natürlich mögen sie Fisch, aber haben Sie schon eine Mieze fischen gesehen? Nein, denn Katzen sind nicht dazu geboren, und fast alle hassen das Wasser. Sie grapschen höchstens Ihren Goldfisch aus dem Aquarium.

Katzen sind also geborene Fleischfresser, und auf dem Land jagen sie Mäuse, Maulwürfe und Kaninchen. Da diese Leckereien in einer Stadtwohnung kaum serviert werden, rate ich meinen Klienten, vom Gesundheitsamt abgestempeltes Rindfleisch zu wählen und die Finger vom Katzenfutter in Dosen zu lassen. Wer seine Katze liebt, verfüttert ihr frisches Rindfleisch – roh oder gekocht – und Wasser, damit erhalten Sie das Tier gesund und munter.

Abwechslung im Speisezettel ist jedoch geboten. Leber sollte allerdings nicht zu häufig verabreicht werden, da ihr hoher Vitamin-A-Gehalt zu regelrechten Vergiftungen führen kann. Oswilla und Nicodemus mögen gerne Geflügel, aber setzen Sie ihnen ja keine Knochen vor; Wildkatzen lassen sie schließlich auch liegen und ziehen den Mageninhalt ihrer Beute – Körner und Pflanzen – vor. So könnten auch Sie Ihrem Gemischtkostler ab und zu gekochtes Gemüse unter sein Essen mischen.

Denken Sie daran, daß Ihre Katze Kohlehydrate nicht so leicht verdaut wie wir. Bei uns löst schon der Speichel die Stärke auf, eine Katze hingegen schlingt ihr Futter ohne zu kauen hinunter, da sie als Raubtier Reißzähne besitzt. Überdies hat sie auch nicht die gleichen Fermente wie der Mensch, um gewisse Speisen ebenso mühelos zu verdauen.

Fett sollte nur 5% der Nahrung ausmachen – das

reicht, und gelegentlich ist ein halbes Ei erlaubt, aber wirklich nur gelegentlich, es könnte sonst mehr schaden als nützen.

Geben Sie Ihrem Pflegetier ruhig zweimal wöchentlich Milch, sofern sie ihm bekommt. Eine Wildkatze trinkt nach der Entwöhnung bloß noch Wasser, deshalb vertragen nicht alle Hauskatzen Kuh-, Schaf- oder Ziegenmilch, sondern reagieren darauf mit Verstopfung oder Durchfall. Zählt Ihr Liebling zu diesen Allergikern, hören Sie sofort mit der Milchfütterung auf. Wagen Sie den Versuch und mischen Wasser und Büchsenmilch zu gleichen Teilen, viele Katzen nehmen die flüssige Nahrung nun an.

Am liebsten fressen Oswilla und Nicodemus natürlich Häppchen von unseren Mahlzeiten, die ein Zubrot bilden können, aber beileibe nicht die Grundlage der Ernährung. Bettelt Ihre Mieze in der Küche, wenn Sie Shrimps-Cocktails vorbereiten oder Hamburger braten, lassen Sie sich ausnahmsweise erweichen – es freut beide.

Immer wieder löchern mich Klienten mit Fragen: »Darf mein Bobby gefüllte Oliven fressen? Er ist ganz verrückt darauf, Herr Doktor!« – »Und Melone? Chips? Schokoladenplätzchen?«

»Was Ihre Katze verträgt, ist als Kleinigkeit zwischendurch erlaubt«, pflege ich zu raten, »doch das Naschwerk sollte nie eine reguläre Mahlzeit ersetzen. Und dulden Sie bitte keine Selbstversorgung vom Eßtisch oder den angerichteten Platten!«

Eine sehr bekannte New Yorker Gastgeberin verlor ohne mit der Wimper zu zucken zwei gute Freunde, als sie durchsetzte, daß ihre Katze während einer Einladung auf dem Tisch herumspazieren durfte. Ein Klient von mir und seine Frau gehörten zu den Gästen. Als Tabby zielstrebig auf den Teller meines

Klienten zusteuerte, erhob der Mann Einwände, welche die Gastgeberin leichthin beiseite wischte. »Ihm gefällt es hier oben.«

»Wir haben auch zwei Katzen, und die bleiben strikte unter dem Tisch«, entgegnete mein Klient.

»Meine nicht«, lächelte die Gastgeberin.

»Die Katze oder wir«, nahm mein Klient die Herausforderung auf.

»Tabby bleibt oben.«

Mein Klient und seine Frau verabschiedeten sich daraufhin.

Eine Katze sollte zweimal täglich, am besten morgens und abends, gefüttert werden. Dann bekommt sie ungefähr im Abstand von 12 Stunden zu fressen und muß nicht lange hungern. Je nach Ihrem Tageslauf können Sie den Napf auch öfter füllen, solange alle Einzelportionen zusammengezählt eine vernünftige Tagesration ergeben.

Es ist überhaupt kein Hexenwerk, eine Katze gesund zu ernähren: Sie frißt mit Gusto, was Sie ihr Zuträgliches vorsetzen. Erst wenn Ihr Liebling das gewohnte Fressen stehen läßt und eigensinnig Leber oder Fisch (bei Katern häufig die Ursache für Blasensteine aus Phosphaten) verlangt oder eine andere Lekkerei, die Sie gelegentlich zusteckten, tauchen Schwierigkeiten auf. Jetzt zeigt sich, wer der Meister ist oder ob der Tierhalter klein beigibt und die Katze verwöhnt. Wer bleibt gerne fest, wenn unser Kätzchen mauzend um unsere Beine streicht und sein Futter nicht anrührt? Glauben Sie ja nicht, daß das Tier verhungert, es wickelt Sie bloß mit allen Mitteln ein. Noch nie hat eine Hauskatze Selbstmord begangen, indem sie sich zu Tode hungerte – und das wird auch niemals geschehen. Mit Heißhunger vertilgt Ihr Liebling, was Sie ihm hinstellen. Und es wird ihm schmekken. Noch besser: Er weiß jetzt, wer im Hause das Sagen hat.

Eine Klientin von mir konnte ihrem Kater Alfie seinen eingleisigen Magenfahrplan – sie hatte ihm nur Leber gereicht – nicht mehr abgewöhnen. So behauptete sie. Doch nach meiner Meinung fürchtete sie sich bloß vor einer Kraftprobe mit Alfie. Wegen seiner einseitigen Ernährung war der Ärmste mit 12 Jahren bereits matt und ausgelaugt. Zum Glück nahm die Dame eine leitende Stellung in Atlanta an, und während sie im Süden eine Wohnung suchte, hüteten Freunde ihre Katze. Diese Freunde waren aus härterem Holz geschnitzt als meine Klientin und setzten bei Alfie ihren Willen durch. Als die Dame nach ihm schickte, fraß der Kater zufrieden sein Rindfleisch, die Leber hatte er vergessen. Und in Atlanta entstieg eine sehr viel munterere Katze dem Reisekorb.

Im Gegensatz zu den Besitzern weiß ein Veterinär, daß Katzen ohne Marotten fast alles fressen. Jahr für Jahr hole ich Katzen eine Nähnadel samt Faden aus dem Magen oder jene Beutelverschlüsse aus Metall und Plastik, die in der Lebensmittelbranche so beliebt sind. Viel zuviel gefährliches Katzenspielzeug wird produziert, viel zu viele Kleinigkeiten liegen in einem Haushalt herum, die Oswilla und Nicodemus aus lauter Interesse verschlucken. Ich habe traurige Erfahrungen gemacht.

Ein Jurist behauptete stets, er könne ohne den Kater auf seinem Schreibtisch nicht arbeiten. Als er Weihnachten mit seiner Frau in Urlaub fuhr, gab er mir die Katze in Pension. Damit sie sich in meinem Tierspital in Mount Vernon auch zu Hause fühle, kauften die Besitzer Weihnachtskarten, die sie an einer Schnur rund um den Katzenkäfig hängten, was mir zwar überkandidelt vorkam – aber meinetwegen. Doch als sie einen winzigen Christbaum in dem Käfig aufstellten, legte ich ein Veto ein. »Lassen Sie das, Tannenbäume sind schädlich, Ihre Katze könnte sich vergiften!«

Man fegte meinen Einwand beiseite. »Sie hat immer einen Baum und ist noch nie daran gegangen. Die frißt keine Nadeln, bestimmt.«

Ich machte den Leuten klar, daß ich jede Verantwortung ablehnte, wenn der Baum im Käfig blieb, doch predigte ich tauben Ohren. Sie kamen sich so verbrecherisch vor, weil sie ihren Kater allein ließen, daß er seinen Christbaum haben mußte.

Natürlich fraß er ein paar Tannennadeln und starb an Terpentinvergiftung. Tief bekümmert teilte ich den Brasols den Tod ihrer Katze mit – meine Schuld war es nicht.

An einem Sonntagmorgen rief mich Paul Kents Hausmädchen an, das in der Wohnung an der Park Avenue die Katze hütete, solange der Börsenmakler durch Europa reiste. »Schnell, Herr Dr. Camuti, kommen Sie rasch«, kreischte sie ins Telefon, »der Katze hängen hinten die Eingeweide raus!«

Ich holte meinen Wagen und raste hin. Mit einem Blick erkannte ich, daß mich das Mädchen bis zu einem gewissen Grad zutreffend informiert hatte: Unter dem Schwanz stand tatsächlich etwas hervor, doch ein Vorfall des Mastdarms war es nicht.

Es war ein Stück Schnur, ungefähr 3 cm lang. Wieviel mehr steckte noch in dem Katzenbauch? Es ließ sich nicht erraten.

Da half nur flinkes Handeln. Ich hievte die Katze auf das Klavier, packte mit einer Hand die 3 cm Schnur, gab ihr mit der anderen einen kräftigen Puff gegen das Hinterteil – die Katze flog quer durchs Zimmer, und ich zog 60 cm Schnur aus ihrem Rektum. Eine Vorhangschnur, wie sich herausstellte.

Das Hausmädchen begriff gar nichts. Sie schrie: »Er reißt den Darm raus!« und fiel in Ohnmacht. Der Katze ging es blendend, aber ich mühte mich eine volle halbe Stunde, bis das Mädchen wieder auf den Beinen war.

Das Ehepaar Millis – beide waren Journalisten – besaß mehrere Katzen. Als eine davon mit einer elektrischen Schnur spielte und hineinbiß, erhielt sie einen heftigen Schlag, und auf der linken Seite des Kinns verbrannten Haut und Muskeln bis auf den Knochen, so daß der blanke Unterkiefer bloßlag. Wie gut, daß die Millis' sich zu Hause aufhielten und mich sogleich anriefen.

Mein erster Eindruck war: Die Ärmste macht es nicht mehr lange. Ich schlug vor, die Katze einzuschläfern, doch die Millis' wollten ihren Liebling unter allen Umständen retten, und so strengten wir uns gemeinsam an. Unter meiner Leitung übernahmen sie die Pflege.

Sie richteten einen 24-Stunden-Dienst ein, desinfizierten abwechselnd das Kinn, solange die Wunde noch frisch war, und löffelten flüssige Nahrung in das bös mitgenommene Mäulchen.

Ich besuchte den Patienten jeden Tag, und jeden Tag erwartete ich die traurige Nachricht, er sei gestorben. Als die Katze zwei Wochen überlebt hatte, schöpfte ich Hoffnung. Das Tier lag ganz still in seinem Bettchen auf einem alten Bademantel von Mrs. Millis, den es schon in gesunden Zeiten zum Schlafen bevorzugt hatte.

Trotz ihrer beruflichen Verpflichtungen massierten beide Millis' klaglos während mehrerer Wochen ihre

Katze und betteten sie regelmäßig um, damit der Kreislauf in Gang blieb. Sonst wäre alle Liebesmüh umsonst gewesen.

Nach einem Monat sagte ich ihnen, die Katze sei außer Gefahr, und bald darauf teilte mir Mrs. Millis telefonisch mit, das kranke Tier habe zum erstenmal geschnurrt – ich mußte die Tränen zurückhalten.

Mit der Zeit konnte die Katze wieder fressen und herumtollen, aber das Gesicht war entstellt durch den nackten Unterkiefer und die bloßgelegten Zähne.

Die vielen Stunden und Wochen, die beide der Rettung ihrer Katze geopfert hatten, wischte Mrs. Millis beiseite: »Es war leicht, wir lieben sie.«

Zum Schluß noch die Geschichte von der verwöhntesten Katze New Yorks. Der Siamkater Bunker gehörte einer im allgemeinen sehr vernünftigen Klientin, die nur ihre Katze sinnlos verhätschelte. Als ich Bunker Ende der Dreißiger Jahre kennenlernte, war er bereits grauenvoll verzogen.

Er ernährte sich ausschließlich von Krabben, und seine Besitzerin hatte zu allem Unglück zugelassen, daß er billige Dosenkrabben verschmähte und bloß japanische Importe akzeptierte. Die Kosten kümmerten die Dame herzlich wenig, da sie als Anlagenberaterin der Columbia-Universität finanziell gut gestellt war. Aber der Zweite Weltkrieg stellte sie mit ihrer läppischen Nachsicht vor große Schwierigkeiten. Nach dem Angriff der Japaner auf Pearl Harbor und dem Beginn des pazifischen Krieges wurden japanische Krabben in New York rar. Und Bunker merkte den Unterschied zu den einheimischen so genau, daß er diesen sogleich verachtungsvoll den Rücken wandte.

Auf ihrem Weg zur Universität, der quer durch die

Stadt führte, machte meine Klientin eifrig Jagd auf Bunkers Spezialität. In der City starrten sie schon alle Delikatessenhändler mißtrauisch an, wenn sie japanische Krabben verlangte. Gelegentlich spürte sie einen Laden auf, der einen Karton solcher Dosen vom Verkaufsregal ins Lager geräumt hatte, und sie kaufte den ganzen Vorrat. Doch je länger der Krieg dauerte, desto mühseliger wurde die Verproviantierung der Katze.

»Setzen Sie dem Kerl doch etwas anderes vor«, riet ich. »Sie werden sehen, wenn er Hunger hat, frißt er es. Er muß das lernen.«

Sie schüttelte den Kopf. »Ich kann mich gegen ihn nicht durchsetzen, dazu habe ich meinen Schatz viel zu lieb. Und dann könnte ich nachts kein Auge zutun: Bunker würde auf meinem Bett sitzen und nach seinen Krabben heulen. Vor ein paar Tagen habe ich noch eine Dose aufgetrieben und ihm die Hälfte verfüttert, um den Rest für den nächsten Abend aufzusparen. Aber der Schlaumeier wußte, was im Eisschrank war. Er rannte zwischen mir und der Küche hin und her und schrie und schimpfte, bis ich damit herausrückte.«

Durch einen glücklichen Zufall entdeckte sie einen Laden mit einem ganzen Stapel japanischer Dosen. Sie kaufte wie gewohnt alle auf und erkundigte sich, ob noch mehr da seien.

»Gewiß«, versicherte der Inhaber. Als sie alle bis zum letzten Stück erwerben wollte, erwachte sein Argwohn. »Sie verkaufen die doch nicht auf dem schwarzen Markt, oder?«

»Aber nein«, sagte sie, »es ist für meinen Freund. Ich denke nicht ans Verkaufen.« Sie brachte die Wahrheit nicht über die Lippen.

Der Geschäftsbesitzer spürte, daß irgend etwas

nicht stimmte, und weigerte sich, seinen Vorrat herzugeben. Er nahm ihr sogar ein paar Dosen weg, die sie sich aus dem Regal geholt hatte. »Hamstern gibt's bei mir nicht«, sagte er. »Zwei Dosen sollten reichen. Wenn Sie Nachschub brauchen, kommen Sie wieder her.«

Ihr hüpfte das Herz vor Freude: zwei Dosen für Bunker und solch eine Aussicht. Sie betete, daß ein unerschöpflicher Vorrat in seinem Lager liegen möge. Obwohl sie zu dem Laden einen riesigen Umweg machen mußte, tauchte sie jeden zweiten Tag dort auf, um die ihr zugestandene Ration zu kaufen.

»Sie haben ganz schön Appetit auf das Zeug«, sagte der Inhaber, als er ihr wieder zwei Dosen aushändigte.

»Ich kaufe die Krabben nicht für mich. Ich sagte Ihnen doch, sie sind für meinen Freund.«

»Ein Japaner?« fragte er beiläufig.

»Nein, nein, ein ... Siamese«, sagte sie und verabschiedete sich rasch.

Zwei Tage später fiel ihr auf, daß ein Polizist vor dem Laden auf und ab schlenderte. Der Inhaber grüßte sie mit weit ausholender Handbewegung. »Möchten Sie wieder Ihre japanischen Krabben?« schmetterte er.

»Ja.« Der Polizist betrat das Geschäft.

Umständlich schob der Besitzer die Dosen in eine Tüte. Obwohl meine Klientin sich nicht umdrehte, spürte sie, daß der Polizist sie aufmerksam musterte.

»Für wen kaufen Sie doch diese Dosen?« fragte der Inhaber. »Für einen Freund aus Japan?«

»Nein, aus Siam.«

»Wo wohnt er denn?«

»Bei mir«, entgegnete sie nervös und erbost in einem.

Doch der Händler bohrte hartnäckig weiter. »Und wann ist er in unser Land gekommen?«

Hin- und hergerissen zwischen dem Wunsch, jede Auskunft zu verweigern, und der Angst, Bunkers Krabbenzuteilung zu verlieren, murmelte sie: »Er ist hier geboren.«

»Aber seine Eltern sind Japaner, nicht wahr?«

Da riß meiner Klientin der Geduldsfaden: »Hören Sie mal, es handelt sich um eine Katze – einen Siamkater – und nicht um einen Mann.«

»Ach ja?« sagte der Inhaber, der offensichtlich kein Wort glaubte. »Für eine Katze geben Sie all das Geld aus und rennen so viel herum?«

»Jawohl!« Sie legte die Scheine auf den Ladentisch, riß dem Inhaber die Tüte aus der Hand und flüchtete. Obwohl sie nicht zurückblickte, war sie überzeugt, daß der Polizist ihr folgte.

Und dieses Gefühl des Verfolgtseins legte sich erst nach mehreren Wochen – sie konnte allerdings niemanden verdächtigen, sie zu beschatten.

Erst durch diese absurde Situation wurde der Frau endlich klar, wie verrückt sie sich benommen hatte – einer Katze zuliebe. Wenn es schon soweit kam, daß ihre Landsleute sie als Spionin verdächtigten, dann mußte Bunker seine Eßgewohnheiten ändern.

Und was fiel ihr Originelles ein? Sie machte ihm statt der japanischen Krabben Wild- und Gänseleberpastete schmackhaft. Die wundersame Neuigkeit erzählte sie mir, als ich Bunker seine jährliche Spritze verabreichte.

»Sie gratulieren mir doch?« fragte sie aufmunternd.

Ich schaute sie groß an. »Lassen Sie ihn bloß nie Kaviar probieren.«

GEFAHREN IM HAUS FÜR DIE KATZE

Katzen sind in einem modernen Haushalt Gefahren ausgesetzt, welche die Tree House Animal Foundation von Chicago in einer sehr nützlichen, hier abgedruckten Liste zusammengefaßt hat. Sie sei allen Katzenbesitzern zur Lektüre empfohlen – ich wollte, ein paar von meinen Klienten wären nicht erst durch Schaden klug geworden.

Scheinbar harmlose Gegenstände im Haus können Ihrer Katze gefährlich werden:

1. Silberpapier, Korken etc.

Eine Katze spielt gerne mit Kugeln aus Silberpapier oder einem an einer Schnur befestigten Korken, aber es ist ein Spiel mit dem Tod. Verschluckt sie das Spielzeug, kann sie daran ersticken; wenn sie es zerbeißt und frißt, besteht die Gefahr eines Darmverschlusses. Nehmen Sie diese Spielsachen Ihrer Katze weg, und bedenken Sie auch, daß die Cellophanhüllen der Zigarettenpackungen im Magen scharfkantig wie Glasscherben werden und zu einem schmerzvollen Tod führen können.

2. Faden, Schnüre etc.

Vergessen Sie das Klischee vom jungen Kätzchen, das mit einem Wollknäuel spielt, und lassen Sie nie eine Katze mit einem Stück Schnur oder Faden allein, sonst riskieren Sie das Ersticken Ihres Lieblings oder einen Darmverschluß. Wie leicht ist die Schnur oder ähnliches verschluckt.

3. Gummiringe

Gummiringe aller Größen schließen Sie am besten

in einer Schublade oder einer Schachtel katzensicher ein. Sie sind beim Spiel schnell verschluckt und verursachen eine Darmverschlingung.

4. Vergiftung durch Pflanzen

Folgende Pflanzen sind wegen ihrer toxischen Auswirkung für Katzen gefährlich:

Aprikosen (Kerne), Azaleen, Chrysanthemen, Dieffenbachien (Lähmung der Kaumuskulatur), Efeu, Eichen (Blätter, Triebe, Eicheln), Hahnenfuß, Jonquillen (Zwiebeln), Kartoffeln (besonders Augen und Triebe), Kirschbäume (Zweige, Blätter, Rinde, Kirschsteine), Liguster, Maiglöckchen (Blätter, Blüten, Wurzeln), Mistelzweige (bes. Beeren), Narzissen (Zwiebeln), Oleander, Osterglocken (Zwiebeln), Pfirsiche (Kerne), Philodendron, Pilze, Rhabarber (Blätter), Rhizinuspflanzen, Schwertlilien, Seidelbast (Beeren), Vogelmilch (Zwiebeln), Wicken (Schoten, Samen) – und diese Liste ist noch lange nicht vollzählig. Fragen Sie Ihren Tierarzt um Rat.

5. Vergiftung durch Schädlingsbekämpfungs- und Reinigungsmittel

Im allgemeinen werden chemische Wirkstoffe wegen ihres Geruchs von Katzen gemieden, aber wenn sie aus Neugier nur einmal daran schlecken, mag das den Tod bedeuten. Bewahren Sie also Farben, Reinigungs-, Pflanzenschutz- und Schädlingsbekämpfungsmittel sowie Gifte gut verschlossen und für Kinder wie für Katzen unerreichbar auf.

Vertilgen Sie nie Ungeziefer mit Puder – Ihre Katze könnte darüberlaufen und nachher die Pfoten ablekken. Sollte ein Katzenspielzeug mit Insektiziden in Berührung kommen, werfen Sie es sofort weg – Gift wirkt unbeschränkt lange und führt zu einem langsamen, qualvollen Sterben. Belästigen Ungeziefer oder Ratten Ihr Haus oder die Wohnung, holen Sie lieber den Kammerjäger. *Sagen Sie ihm, daß Sie eine Katze besitzen*, und entfernen Sie das Tier und die Futterschüsseln, bis alle Räume nach dem Sprayen gut durchgelüftet sind. Vertrauen Sie nicht den Angaben der Hersteller, ihr Produkt sei für Katzen unschädlich – die Probe aufs Exempel könnte tödlich enden.

Gefährliche chemische Stoffe sind *Phenol*: Oft gibt schon der Name des Produkts einen Hinweis darauf, bei Mundwasser z. B. Lysol oder Odol. Hexachlorophenhaltige Seifen und Waschmittel sind ebenfalls gefährlich; auch *Karbol und Teeröle; Basen und Säuren*: z. B. Chlor, Salzsäure, Schwefelsäure, Sammlersäure, Lauge, Bleichmittel, Ammoniak.

Vergiftungen kommen ferner vor durch: Blau- und Pastellstifte, Kalkdünger, zerbrochene Leuchtstofflampen, Möbelpolitur, Färbemittel für Stoffe, Abbeizmittel, Spülmittel.

6. Arzneimittel

Viele Leute glauben, was uns nützt, tut auch Katzen gut. *Das trifft nicht zu.* Katzen vertragen z. B. kein Aspirin es wirkt tödlich. Ebenso Vitamine, Beruhigungstabletten, Stilböstrol (synthet. Hormon). Bewahren Sie alle Arzneimittel für Katzen unerreichbar auf. Und geben Sie Ihrer Katze im Krankheitsfall keine Medizin und kein »Hausmittelchen«, sondern konsultieren Sie den Tierarzt. Seine Anordnungen und seine Rezepte sind peinlich genau zu befolgen.

7. Scharfe Gegenstände

Schließen Sie Scheren, Stecknadeln, Sicherheitsnadeln, Rasierklingen etc. vor Ihrer Katze weg. Wenn sie aus Versehen darauf springt, sind Schnittwunden die Folge. Nehmen Sie Ihrem Liebling auch alle leeren Garnrollen weg. Wenn er im Spiel darauf beißt, kann er sich an einem Holz- oder Plastiksplitter verletzen.

GEFÄHRLICHES KATZENSPIELZEUG

Geben Sie Ihrer Katze nur solides Spielzeug ohne aufgeklebte Dekorationen wie Augen, Nasen, Schwänze bei Mäusen z. B., die sich während des Spiels ablösen können. Katzen nehmen verhältnismäßig leicht Fremdkörper auf und verschlucken sich daran. Glöckchen sind lustig, aber sie dürfen nicht aufgeklebt oder mit einer Öse befestigt sein, sondern müssen am Spielzeug festgebunden werden. Wenn ein Glöckchen entzweigeht, sammeln Sie sofort alle Einzelteile wegen ihrer scharfen Ränder ein. Und passen Sie auf, daß Ihre Katze nie mit derart kleinen Glöckchen oder anderen Gegenständen spielt, daß sie sich daran verschlucken kann.

Prüfen Sie beim Kauf jedes Katzenspielzeug auf seine Robustheit. Gegenstände aus Garn oder Schnur müssen fest geflochten und verknotet sein, sonst wird Ihre Katze am Ende im ausgelassenen Spiel erdrosselt.

GEEIGNETES KATZENSPIELZEUG

Zusammengenähtes Spielzeug hält das Herumschleudern und Beißen am besten aus und fällt nicht auseinander. Gehäkelte oder gestrickte Bälle, mit Nylonstrümpfen ausgestopft, sind ebenfalls zu empfehlen, doch Schleifen und Schnürchen müssen erst entfernt werden.

In Ihrem Haushalt findet Ihre Katze so herrliche

Spielsachen wie ein Kartonrohr, den Holzteil eines Kleiderbügels oder einen Tischtennisball, der schnell dahinrollt und schwer zu zerbeißen ist. Alle leichten, weichen Gegenstände ohne Ecken und Kanten eignen sich zum In-die-Luft-Schleudern und Austoben.

Merken Sie sich, eine Katze kann nicht selber für ihre Sicherheit sorgen, sie ist auf *Ihre Hilfe* angewiesen. Wählen Sie also sicheres Spielzeug, das der Katze viel Spaß macht.

11. Kapitel
Nicht höher als im zweiten Stock

Sobald die Leute erfahren, daß ich bei meinen New Yorker Katzen Hausbesuche mache, schauen sie mich an, als stünde ein Irrer oder ein Hochstapler vor ihnen. Ich nehme diesen Blick niemandem übel, aber er überrascht mich, und ich sehe plötzlich mein Leben mit fremden Augen an. Offenbar finden andere meine Praxis ganz schön verrückt – ich nicht, für mich ist es normale Arbeit.

Zu meiner Erleichterung stellt kaum einer weitere Fragen, höchstens daß erstaunt nachgehakt wird: »Wirklich, Sie gehen zur Katze? Sonst ist es doch umgekehrt?«

Ja, wenn das so einfach wäre! Aber gibt es Klienten, die nie umziehen? Nein. Nehmen sie immer ihr Haustier mit? Gewiß! Wohnen sie ausschließlich im Parterre oder in Häusern mit Lift? Leider nein.

Man weiß, daß im Alter Treppen zu einem Problem werden – auch für mich nach einer Herzattacke vor ein paar Jahren. Seither steige ich nur noch bis zum zweiten Stock und lasse alle höher wohnenden Katzen zu mir hinabbringen.

Ich war überzeugt, meine neue Treppenhauspraxis würde viele Klienten vergraulen und einem jüngeren Veterinär zuführen. Nicht die Spur.

Eine Eingangshalle oder ein Flur sind natürlich kein ideales Behandlungszimmer, doch ich komme sehr gut zurecht, dann vor allem, wenn mir ein Heizkörper mit seiner altmodischen Verkleidung den Tisch ersetzt. Die Katzen liegen im Winter gern darauf, weil es so angenehm warm ist. Sollte zu stark geheizt sein, bitte ich meine Klienten, Handtücher oder alte Zeitungen als Unterlage mitzubringen.

Die Treppenhauskonsultationen arten manchmal in ein fröhliches Volksfest aus mit all dem Kommen und Gehen und den Nachbarn, die mir über die Schulter gucken. Meinen Katzenpatienten gefällt das so wenig wie mir, deshalb rate ich meinen »oberstökkigen« Klienten, sich ja mit den Mietern vom Parterre gut zu stellen, damit wir ihre Wohnung für die Untersuchung benutzen dürfen. Und heller ist es dort auch.

Nelly Quinn vermutete, ihre Katze plage ein Bandwurm, und sie rief mich an. Da Nelly im 5. Stock wohnte, erinnerte ich sie daran, daß wir auf die Hilfe einer Nachbarin angewiesen waren. Sie wollte ihr möglichstes tun.

Das klang nicht sehr verheißungsvoll, und so fügte ich hinzu: »Falls wir wie das letzte Mal im Treppenhaus bleiben müssen, sehen Sie bitte nach, ob eine elektrische Steckdose da ist. Für die Untersuchung brauche ich nämlich ultraviolettes Licht.«

»Das schaffe ich schon, machen Sie sich keine Sorgen«, versicherte Miß Quinn.

Als ich an der Haustüre klingelte, sagte Nelly bloß durch die Sprechanlage, ich solle unten auf sie warten, und ließ mich ein.

In einer zugigen, miefenden Eingangshalle wartete ich, wie mir schien, eine Ewigkeit. Ich hörte wohl Schritte die Treppe hinuntereilen, aber Nelly Quinn wollte und wollte nicht auftauchen.

Schließlich hatte sie mit ihrer Freundin den ersten Stock erreicht. Sie steckte eine Verlängerungsschnur an die andere, die ihr die Freundin aus einem über den Arm gehängten Vorrat raussuchte. Kein Wunder, daß sie vom 5. Stock herab so viel Zeit gebraucht hatte!

Zu guter Letzt gab sie mir die Hand, trotz der Kälte glänzte ihr Gesicht vor Schweiß. »Puh, was für eine Plackerei! Alle meine Bekannten mußten mir eine Verlängerungsschnur leihen.«

Während Nelly noch verschnaufte, schob ich den Anschluß meines Strahlers in den letzten Stecker, knipste an, und zu meinem Staunen kam der Strom durch das Labyrinth der Schnüre. Nelly holte nun Mauser, eine schwarzweiße kurzhaarige Hauskatze, von oben herunter, doch all ihre Mühe wurde nicht mit dem winzigsten Bandwurm belohnt.

Ein Ehepaar, auch Treppenhausklienten von mir, wohnte mit acht Katzen im 4. Stock eines Hauses an der 11. Straße. Eins der Tiere erwischte einen Virusschnupfen, und prompt steckten sich die anderen sieben an, so daß ich einen Monat lang jeden Tag Visite machte. Das Ehepaar war recht beschäftigt mit Treppen rauf- und runtersteigen, doch ihre Eingangshalle eignete sich ausgezeichnet als Behandlungszimmer mit einem großen, überdeckten Heizkörper als Tisch und einer Steckdose für die elektrische Kochplatte. Damals mußte ich meine Injektionsutensilien noch auskochen, heute ist das viel einfacher mit der Einwegspritze. Und unter der Treppe gab es eine Toilette, in der ich die Hände waschen konnte.

Freilich hatten in den beiden Parterrewohnungen zwei Psychiater ihre Praxis eingerichtet, und das bereitete unvorhergesehene Panik. Meine Klienten hatten die Psychiater – von denen sie nur einen flüchtig kannten – nicht über meine Visiten unterrichtet, deshalb konnten die Ärzte auch ihre Patienten nicht informieren.

Die erste Begegnung zwischen einem seelisch gestörten Patienten und dem Katzendoktor fand statt, als ich mich in der Eingangshalle an die Wand lehnte, eine Spritze in der Hand, bereit für die nächste Mieze. Der Mann betrat die Halle, warf einen entsetzten Blick auf mich und die Injektionsnadel, drehte sich um und gab Fersengeld. Andere Patienten der Psychiater drückten sich flach an die Wand und näherten sich Schritt für Schritt der Praxis, die Augen fest auf mich gerichtet, bis sie blitzgeschwind und bleich durch die Türe schlüpften.

Eines Abends verließ eine Patientin die Praxis ihres Psychiaters. Da sie einen Termin vor meiner Katzenvisite erhalten hatte, erstarrte sie nun bei meinem Anblick zu Stein. Dann stürmte die gute Frau, bevor ich ein Wort der Erklärung anbringen konnte, in die Toilette – die Haustür war ihr vermutlich zu weit weg. Um mich glauben zu machen, sie sei mit Grund dorthin verschwunden und nicht etwa aus Angst vor dem übergeschnappten Arzt in der Halle, betätigte sie hektisch die Wasserspülung. Wie lange das dauerte, kann ich nicht sagen, aber ich behandelte unterdessen zwei Katzen.

Schließlich fiel dem einen Psychiater das sintflutartige Rauschen auf, und er schaute nach, was sich in der Halle abspielte. Ich lehnte mich, im Augenblick natürlich allein, gegen die Wand.

Er musterte mich, den Topf mit kochendem Wasser, das Handtuch auf der Heizung. »Was machen Sie denn da?« erkundigte er sich.

»Ich behandle ein paar Katzen«, erklärte ich ihm.

»Ach so«, sagte er betont ruhig.

»Sie sind noch oben«, sagte ich.

»Ach so«, wiederholte er, zog sich eilig zurück und verriegelte die Türe. Er hielt mich wohl für einen Patienten seines Kollegen von gegenüber.

Ich hoffe sehr, daß die wasserspülende Dame sich nach dem Ende meiner Visite wieder hervorgetraut hat.

Ungefähr drei Wochen später machte der eine Psychiater Urlaub und übergab meinen Klienten, die ihn ins Bild gesetzt hatten, die Praxisschlüssel. So machte ich meine acht Katzen auf der Freudschen Couch gesund – was eine tierärztliche Premiere darstellen dürfte.

Natürlich beschränke ich meine Praxis nicht auf Treppenhäuser. Ein Segelboot tut's auch. Franklin Gregory, Journalist und Klient von mir, verbrachte den größten Teil seiner Freizeit auf dem Boot zusammen mit seiner Katze, die genauso gerne segelte wie er. Wenn die Katze während der Fahrt krank wurde, legte er nach unserer Vereinbarung in City Island an, ich ging an Bord und untersuchte den Patienten.

Der Röntgenarzt Dr. Baker besaß auch so eine segelbegeisterte Katze. Doch als Winkie-Pooh erkrankte, mußte ich sie telefonisch behandeln, da die Bakers mit ihrem Schiff viel zu weit weg waren.

Mit drei Jahren war Winkie-Pooh, eine Siamesin, ein solch erfahrener Wochenendmatrose, daß die Bakers beschlossen, sie auf ihren Segelurlaub mitzunehmen.

Es lief alles glatt, doch auf der Fahrt nach Edgartown, Mass., wurde das Schiff vom Sturm gebeutelt, so daß die drei nach zwölf Stunden recht erschöpft einliefen. Als sie an der Insel Chappaquiddick vorbeikamen, prasselte nur wenige Meter von ihnen entfernt ein Feuerwerk los. Der 4. Juli wurde mit ohrenbetäubendem Lärm gefeiert. Zudem regnete es Funken auf das Schiff, und das regte Winkie-Pooh, die von dem langen Tag sowieso zermürbt war, in einem Maße auf, daß man sie in der Toilette einschließen mußte.

Sie durfte erst wieder an Deck, als alles ruhig war und das Boot vor Anker lag. Sie stieg ganz langsam nach oben und wirkte sehr mitgenommen.

Am nächsten Tag wollten die Bakers die 42 Kilometer nach Nantucket bewältigen, weshalb sie schon frühmorgens starteten. Kaum waren sie auf offener See, als es wieder stürmte.

Winkie-Pooh, bedrückt und abgestumpft, verweigerte Fressen und Trinken und blieb auch nicht auf Deck, sondern versteckte sich in der Kajüte. Die Ankunft in Nantucket munterte ihre Lebensgeister kein bißchen auf. Dr. Baker nahm es nicht allzu schwer: Die Katze brauchte Erholung. Doch nach zwei Tagen ging es ihr deutlich schlechter. Winkie-Pooh lag auf der Seite und dämmerte vor sich hin. Noch mehr beunruhigte die beiden Bakers, daß das Tier hechelte und Schaum aus seinem Mund lief.

Sobald der Arzt den Schaum sah, eilte er an Land, um einen Veterinär zu suchen. Der Zustand seiner Katze machte ihm ernste Sorgen. Als er keinen Tierarzt auftreiben konnte, rief er mich in New York an und beschrieb mir dank seiner medizinischen Ausbildung präzise und umfassend Winkie-Poohs Symptome am Telefon.

»Haben Sie eine Injektionsspritze bei sich?« fragte ich.

»Nein.«

»Dann beschaffen Sie sich eine.« Ich verschrieb eine Arznei, an die ich mich nicht mehr erinnere. Ich sagte: »Injizieren Sie stündlich eine Dosis von hundert Milligramm zwischen die Schultern, bis Sie Anzeichen von Besserung feststellen können. Auch wenn Sie keine Frage haben, melden Sie sich in ein paar Stunden, um mir Bescheid zu geben.«

Dr. Baker ließ mich die verschriebene Dosis wiederholen. Er hatte seinen Ohren nicht getraut. Er würde diese 100 Milligramm einem Erwachsenen pro Woche zumuten, und nun sollte er diese Dosis einer moribunden, 8 Pfund schweren Katze alle Stunden verabreichen?

Trotz seiner Zweifel wollte er sich nach meinen Anordnungen richten.

Schnurstracks marschierte er in die nächste Apotheke, wo der Apotheker rundweg abschlug, ihm Injektionsnadeln und -spritzen zu verkaufen. Er dachte, ein Drogensüchtiger stehe vor ihm. Und in den Ferien hatte Dr. Baker natürlich nichts dabei, um sich als Arzt auszuweisen. Doch nach weitschweifigen Erklärungen erhielt er das Gewünschte und kehrte zu Winkie-Pooh zurück.

Er injizierte die von mir angegebene Dosis und beobachtete dann erwartungsvoll die Katze. Er glaubte felsenfest, daß mir ein schrecklicher Fehler unterlaufen war.

Nach der ersten Spritze ging es Winkie-Pooh unverändert schlecht – sie würde gewiß bald das Zeitliche segnen, davon war Dr. Baker überzeugt.

Er gab die zweite Spritze nach einer Stunde, und – welch ein Wunder! – Winkie-Pooh versuchte zu ihrem Wassernapf zu krabbeln. Er holte den Napf zu ihr her.

Noch bevor die dritte Spritze fällig war, hatte die Katze ein paar Tropfen Wasser gelappt und stand ohne Hilfe auf den Beinen.

Winkie-Poohs Zustand besserte sich von Stunde zu Stunde – sie war dem Leben wiedergeschenkt, was die beiden Bakers staunend feststellten.

Wie versprochen rief mich Dr. Baker an, immer noch voller Zweifel an meiner Therapie, obwohl er sie selber angewendet hatte.

Winkie-Pooh war innerhalb weniger Tage wieder ihr altes Selbst, bereit zu weiteren Abenteuern. Doch Dr. Baker telefonierte jeden Abend, sobald das Boot angelegt hatte, um mich über die Genesung seines Lieblings auf dem laufenden zu halten. Und er kann es bis heute nicht fassen, daß meine Mammutdosis die Katze nicht getötet hat.

Ich hätte auch ins Guinness-Buch der Rekorde eingehen können als der Tierarzt, der über den Atlantik hinweg seinen Patienten besucht – wenn meine Gesundheit mir nicht einen Strich durch die Rechnung gemacht hätte, als ich das Telegramm von Charlotte und Joseph Kesselring erhielt (er ist übrigens der Verfasser des weltberühmten Theaterstücks »Arsen und Spitzenhäubchen«).

FIDEL KRANK. BITTE KOMMEN. ERWARTE SOFORT ANRUF HOTEL EXCELSIOR NEAPEL. HABE SIE TELEFONISCH NICHT ERREICHT.
CHARLOTTE KESSELRING

Ich mußte mich zweimal vergewissern, daß das Telegramm nicht aus Neapel in Florida stammte, sondern tatsächlich aus Italien. Wohl waren die Kesselrings unter all meinen Klienten die kompromißlosesten

Katzennarren, aber ihre Aufforderung, wegen ihrer kranken Katze nach Italien zu fliegen, überwältigte mich. Und Fidel war beileibe kein Zuchttier, sondern eine gewöhnliche grau-weiße Hauskatze, eine von vielen in dem Kesselringschen Haufen. Doch Fidel war der auserkorene Liebling, den sie überallhin mitnahmen, während die übrigen daheim in Woodstock blieben.

Ich rief Charlotte in Italien an und ließ mir Fidels Symptome beschreiben. Er litt offenbar an einer Darm- und Niereninsuffizienz. So entwarf ich einen Behandlungsplan und bat um Nachricht am folgenden Tag, denn eine Reise komme für mich kaum in Frage, ich sei eben erst nach einem Herzinfarkt aus dem Krankenhaus entlassen worden. Und ich glaubte nicht, daß mir der Arzt die Reise gestattete.

Charlotte meinte impulsiv: »Ihr Arzt soll Sie begleiten, auf unsere Kosten.«

Das wollte ich mit ihm bis zu ihrem Rückruf besprechen.

Sofort erkundigte ich mich bei allen Fluggesellschaften, wann eine Maschine nach Italien fliege – zu gerne hätte ich meine alte Heimat wiedergesehen. Dann meldete ich mich bei meinem alten Freund, dem Internisten Dr. Prutting.

Er hielt mich schlicht für verrückt, daß ich mit dem Gedanken zu spielen wagte, wegen einer kranken Katze nach Italien zu fliegen. »Du mußt deinen Herzspezialisten fragen«, sagte er, als er meinen Eigensinn bemerkte.

Dr. Kwit, eine Kapazität auf seinem Gebiet, war zu Hause. Als ich ihm am Telefon meine Gründe für diese Reise dargelegt hatte, blieb er lange still. Schließlich meinte er: »Zwar habe ich mir als Herzspezialist einen Namen gemacht, aber nach Europa hat mich noch niemand bestellt. Und jetzt werden Sie wegen einer Katze rübergeholt!«

Er hielt das ganze Unternehmen für zu riskant, ich sollte mich erst von meinem Infarkt erholen. »Auch wenn Sie mich begleiten? Die Kesselrings bezahlen alles!«

Er ließ sich nicht erweichen.

Nur zu unserem Vergnügen rechneten wir zusammen, welche Summe wir in Rechnung stellen könnten für Fidels Behandlung in Neapel: Die Arztkosten für zwei Tage (1 Veterinär + 1 Herzspezialist) und die Spesen würden sich auf ungefähr $ 7000 belaufen!

Am nächsten Tag traf folgendes Telegramm ein:

GUTE FORTSCHRITTE. NIEREN UND DARM FUNKTIONIEREN. BLEIBEN IN NEAPEL BIS SAMSTAG.
ANRUF NUR IM NOTFALL. WIE GEHT ES IHNEN. ERBITTEN BRIEF. HOTEL EXCELSIOR NEAPEL.

CHARLOTTE KESSELRING

Und damit hatte es sich. Alle meine Hoffnungen auf Italien hatte Fidel in seinem Katzenklo begraben.

Treppenhäuser, Segelboote, womöglich ein Hotelzimmer in Neapel – ich kann noch einen ausgefallenen Behandlungsraum aufweisen: die Praxis eines Internisten!

Bei Dr. Prutting klagte eine Patientin während der jährlichen Kontrolluntersuchung über dieses und jenes und lud vor allem ihre nichtmedizinischen Probleme bei ihm ab. Sie war geschieden, mußte für zwei Kinder sorgen und hatte soeben ihre Stelle als Lektorin verloren. Zu allem Unglück hatte ihre Katze das

Bein gebrochen, und das Röntgen im Tierspital kostete 25 Dollar. Die Ausgaben für das Einrichten des Bruchs waren ja notwendig gewesen; aber jetzt so viel Geld hinzublättern, nur um zu erfahren, die Fraktur heile zufriedenstellend und der Draht könne entfernt werden, das reute sie bei ihrem schmalen Geldbeutel.

Dr. Prutting, der ein Herz für Katzen besaß, bot seine Hilfe an. Ein Katzenbein sei nicht viel größer als ein menschlicher Finger, und dazu reiche sein Röntgenapparat allemal. Da auch die Röntgenassistentin Katzen liebe, sei es kein Problem, die Katze bei ihm gratis durchleuchten zu lassen.

Pünktlich zum vereinbarten Termin erschien die Patientin mit der Katze. Das Wartezimmer war bis zum letzten Stuhl besetzt, doch Dr. Pruttings Sprechstundenhilfe packte sie gleich am Arm: »Kommen Sie mit zum Röntgen.«

Und bevor die Leute im Wartezimmer Zeit hatten, sich zu wundern, war die Frau samt Katzenkorb in den hinteren Räumen verschwunden.

Die Assistentin hatte alles vorbereitet. Während die Frau ihre Katze beruhigte, richtete sie die Röntgenstrahlen auf das Bein, das sie, mit einem Bleihandschuh geschützt, festhielt.

Nachher wurden die Bilder entwickelt und Dr. Prutting vorgelegt. Er schaute sie sich an und meinte: »Das Bein sieht ganz gut aus, aber es ist noch nicht verheilt. Deshalb sollte der Draht drinbleiben, doch wie lange? Das kann ich beim besten Willen nicht beurteilen.«

Durch schieren Zufall betrat ich in diesem Augenblick Dr. Pruttings Praxis. Mich zwickte ein kleiner Schmerz, der mich vorsichtshalber zu meinem Internisten trieb, nachdem ich mich ein Jahr lang dort nicht hatte blicken lassen. Da ich bei meinem Terminplan keine festen Zeiten einhalten konnte, schaute ich eben herein, als ich in der Nachbarschaft zu tun hatte. Ich war auf ausgiebiges Warten gefaßt, erst recht, als ich die vielen Patienten sah, doch zu meiner Überraschung führte mich die Sprechstundenhilfe sogleich nach hinten. »Ich weiß, Dr. Prutting möchte Sie sprechen.«

Was sollte das heißen? War sie etwa über meine Gesundheit besser informiert als ich? Und warum wurde ich ins Röntgenzimmer geführt?

Dr. Prutting staunte nicht schlecht, als ich auftauchte. Er zeigte mir das Röntgenbild, und ich bestätigte seine Diagnose. »Bringen Sie Ihre Katze samt dem Röntgenbild in drei Wochen ins Tierspital«, riet ich der besorgten Frau, »ich glaube, daß man dann den Draht entfernt.«

Am nächsten Tag schickte ich Dr. Prutting durch Boten ein dickes Paket. Lachend bedankte er sich telefonisch für »Mercks Handbuch der Veterinärmedizin« und meinen Zettel, auf den ich geschrieben hatte: »Ein Führer auf Ihren neuen Wegen.«

12. Kapitel
Das Wochenbett und seine Probleme

Ich habe noch nicht viele Katzengeburten miterlebt. Das klingt seltsam, wenn man bedenkt, wie lange New Yorks Katzenbevölkerung schon von mir betreut wird. Vielleicht liegt es daran, daß ich die Finger von der Katzenzucht lasse. Zudem leuchtet meinen Klienten ein, daß mit einem kastrierten Tier das Problem unwillkommenen Nachwuchses ein für allemal gelöst ist. Und da Katzen kundige Mütter sind, ruft man mich bloß, wenn bei der Geburt Komplikationen auftauchen. In meiner Stadtpraxis haben die Patientinnen auch nicht oft Gelegenheit, in andere Umstände zu gelangen. Wenn kein Kater um den Weg ist, wie soll eine Kätzin das anstellen?

Aber sie findet natürlich Mittel und Wege. Ein kleines Techtelmechtel im Hinterhof, eine Begegnung auf dem Fenstersims oder eine Affäre, bevor der Klient das Tier kaufte, all das kann zu Überraschungen führen. Daß ein freudiges Ereignis bevorsteht, erfahre ich dann erst, wenn ein ahnungsloser Besitzer mich um Rat fragt, weil seine Katze viel zu fett geworden ist oder sich so sonderbar versteckt.

Eine Kätzin hat nämlich sehr bestimmte Vorstellungen, wo sie ihre Jungen werfen möchte. Sie will die Kleinen nicht für sich behalten, sondern nur beschützen, und darum folgt sie ihrer Natur und sucht ein überfallsicheres Plätzchen. Natürlich gibt es in einer Wohnung keine Feinde, aber der ererbte Instinkt leitet noch immer das Muttertier.

Im allgemeinen wählt die Katze einen dunklen, ruhigen Platz. Und sie muß das Versteck selber aussuchen. Es ist – nach meiner und der Kätzin Ansicht – die reine Zeitverschwendung, wenn Sie sich einmischen. Ihr Vorschlag findet keine Gnade. Da hilft alles nichts, Sie müssen sich fügen. Mit Vorliebe zieht das Tier sich in sein gewohntes Versteck – unter das Bett oder einen Schrank – zurück. Sollte Ihre Katze aber direkt hinter der Wohnungstüre das ideale Wochenbett entdecken, so daß Sie Ihr Heim weder betreten noch verlassen können: Dann allerdings dürfen Sie Ihren Standpunkt durchsetzen und Ihrer Katze zu einem geeigneteren Ort verhelfen; aber bitte mit deren Zustimmung! Mitten in der Nacht rief mich eine hysterische Klientin an: »Meine Katze wirft ihre Jungen auf meinem Bett, direkt zwischen meinen Beinen! Was soll ich bloß machen?«

»Nichts«, sagte ich knapp. »Ihre Katze findet das den passenden Ort. Nach der Geburt können Sie ihr auf dem Boden ein Lager aus Handtüchern oder einer alten Wolldecke richten. Legen Sie die kleine Familie dort in eine Kuhle, und dann schlafen Sie weiter.«

Die Dame war mit meinen Anweisungen keineswegs glücklich. »Es ist alles voll Blut!«

»Um die Nachgeburt kümmert sich die Katze, und den Rest müssen Sie der Wäscherei erklären.«

Warum freute sich die Frau nicht über die Wahl ihrer Katze?

Ich begriff das nicht. Sie hätte sich geehrt fühlen sollen wie die Schauspielerin und Tänzerin Beverley Fuller. Als ihre Pansy für den zweiten Wurf dasselbe kosige Plätzchen wählte, holte Beverley sie allerdings sanft von ihrem Schoß – um nicht wieder ihre besten Hosen ruiniert zu sehen – und legte das Tier auf das von Mann und Kindern eilig zusammengetragene Lager aus Tüchern. Pansy gab deutlich zu verstehen, daß die ganze vierköpfige Familie bei der Geburt dabei sein sollte. Und alle taten ihr herzlich gern den Gefallen. Doch das ist nicht die Regel bei Katzen, die meisten bleiben lieber ungestört allein bei diesem Anlaß.

Martini, die Siamkatze von Frances und Richard Lockridge, verhielt sich ganz normal, als ihre komplikationslose neun Wochen dauernde Tragzeit abgelaufen war. Sie verkroch sich auf ihr Lager im dunklen Winkel, als die Wehen einsetzten, und die Lockridges beobachteten mit wachsamem Auge die Geburt aus der Ferne. Nach neun oder zehn Stunden riefen sie mich an, weil noch immer kein Junges ans Licht gekommen war.

Und sie hatten recht, mich beizuziehen! Martini brauchte ärztliche Hilfe, nachdem sich die Geburt erfolglos so lange hinzog. Ich bat die Lockridges, bis zu meinem Kommen den Küchentisch mit ausgedienten, sauberen Tüchern zu bedecken und Martini dorthin zu tragen – sie würde sich nicht wehren, dazu hatte sie im selbstgewählten Lager zuviel ausgestanden.

Sogleich untersuchte ich Martini, um die Ursache für die Dystocia zu entdecken. Es mochte an der Mutter liegen, wenn z. B. das Becken zu eng war, oder am Fötus; ich konnte mir jedoch keine Gewißheit verschaffen.

Da durch die vielen Wehen die Gebärmuttermuskeln erschlafft waren, injizierte ich der Siammutter Pituitrin, um die Ausschüttung der Hormone und die Muskeltätigkeit zu verstärken. Die Spritze wirkte schnell, und als die Preßwehen einsetzten, massierte ich bei jeder Kontraktion Martinis Bauch, bis wir beide zusammen das erste Katzenjunge durch den Eileiter herab auf die Welt gebracht hatten.

Hier bin ich Ihnen wohl eine Erklärung schuldig. Beim Menschen ist eine Eileiterschwangerschaft eine abnorme Seltenheit im Gegensatz zu den Katzen, die zu den multiparen Säugern gehören. Ihr Uterus gleicht einem auf den Kopf gestellten V, und die beiden Eileiter, in denen das befruchtete Ei sich entwikkelt, bilden einen Teil der Gebärmutter.

Bereits nach der vierten Trächtigkeitswoche sind die Föten durch die Bauchwand als erbsengroße Klümpchen mit der Hand zu fühlen, und mit einiger Übung läßt sich feststellen, wie viele in den beiden Eileitern heranreifen. Gegen Ende der Trächtigkeit ist das nicht mehr möglich, weil die Föten nahe zusammenrücken.

So blieb ich bei Martini im ungewissen, wie viele Junge dem Erstgeborenen folgen würden. Ich schnitt die Nabelschnur durch, gab der Mutter die Plazenta zu fressen, da sie die für die Milchproduktion notwendigen Hormone anregt, und massierte dann das Junge, um seine Zirkulation zu beschleunigen und Martini die Arbeit des Trockenleckens abzunehmen. Zuletzt legte ich das Kleine zu seiner Mutter.

Bei einer normalen Geburt schnurrt die Kätzin von Anfang bis Ende, doch Martini war still. Nach allem, was sie über Stunden hinweg durchgemacht hatte, reagierte sich die Ärmste an Richard Lockridge ab und zerbiß verzweifelt seine Hände, als er Martini auf dem Küchentisch festhielt.

Nach einer kurzen Ruhepause gab ich die zweite Spritze Pituitrin. Martini preßte und preßte, bis der Steiß des zweiten Jungen zum Vorschein kam. Mit kräftigem, doch sanftem Drücken half ich dem Kleinen auf die Welt. Größer war dieser Wurf nicht. Martini schnurrte auch jetzt nicht, aber sie wirkte entspannt. Wir trugen die Mutter mit den beiden Neugeborenen in das alte, selbstgewählte Nest zurück, und sie lagen so zufrieden da, daß niemand eine solche Schwergeburt vermutet hätte.

Beim Abschied erkundigten sich die Lockridges nach dem Geschlecht der beiden Kleinen. »Ein Junge, ein Mädchen«, sagte ich, stülpte den Hut auf und ging. Als ich Gin und Sherry, wie sie genannt wurden, wenige Monate später kastrierte, mußte ich mich bei den Lockridges entschuldigen. »Es sind zwei Schwestern«, brummelte ich verlegen, »bei jungen Tieren täuscht man sich leicht, sogar ein Veterinär.«

Eine Geburt ist auch bei Katzen ein unvergeßliches Erlebnis, und meine schönste Geschichte spielte sich im Hause meines Freundes Dr. Prutting ab.

Die beiden grauen Tigerkatzen der Familie hatten hinter der Bühne das Licht der Welt erblickt, als eben das Musical »Finians Regenbogen« aufgeführt wurde. Darum hießen sie nach den Hauptpersonen Woody und Sharon.

Die drei Pruttings freuten sich herzlich, als Sharon, die Kätzin, Junge erwartete, und die Eltern kamen überein, ihre kleine Tochter dürfe die Geburt miterleben.

Als bei Sharon am Nachmittag die Wehen einsetzten, versammelten sich alle um ihr Lager. Doch ihre frohen Erwartungen wurden enttäuscht, denn nach langem Mühen warf Sharon drei Totgeburten. Der Kummer war groß, und die Eltern trösteten ihr Töchterchen, so gut sie konnten.

Aber am selben Abend rannte Jane zu ihrem Mann ins Arbeitszimmer. »Komm schnell, John. Sharon wirft noch ein Junges.«

Wieder hockten die drei Pruttings vor Sharons Bettchen in der Ecke neben dem Küchenherd. John war sehr aufgeregt, einerseits wegen Sharon, andererseits wegen seiner Tochter, und schmetterte: »Bringt Camuti her!«

Während Jane mich anrief, holte John von der Heizung ein Tuch für die werdende Mutter und half ihr mit sanften Griffen bei der Geburt, wie er es als Mediziner in der Gynäkologie gelernt hatte. Obwohl er ruhig und professionell zupackte, schrie er pausenlos Frau, Tochter und auch Woody an: »Wo ist Camuti? Wo zum Teufel steckt Camuti?« Später gab er lachend zu, daß er sich wie ein hysterischer junger Vater benommen hatte.

Sharon warf nach fünf Minuten ein gesundes Junges. Sie fraß die Plazenta, leckte ihr Kleines sauber und rollte sich, es wärmend, zusammen.

Und dann geschah etwas Unerhörtes – ich wäre für mein Leben gern dabei gewesen.

Woody, der Katzenvater, besuchte Sharon und ihr Baby. Dieser Brocken von einem Kater legte zärtlich seine Pfote mit eingezogenen Krallen auf das Neugeborene im Korb – es war eine leichte, liebevolle Berührung. Dann nahm er langsam die Pfote zurück und schlenderte davon zu seinem Spielzeug, einem Stoffhund, und trug ihn im Maul zu seinem Schlafplatz in der Nähe des Wochenbetts. Dort rollte er sich zusammen, das genaue Abbild von Sharon und ihrem Kleinen.

Sobald ich eintraf – viel zu spät, wie sich zeigte –, schoben mich die Pruttings in die Küche, und John legte mahnend den Finger an die Lippen. Sharon lag in ihrem Bettchen, Woody in seinem Korb, und jede Katze schlief friedlich mit einem »Kind«. Alles war in schönster Ordnung, wie ich sah, niemand brauchte mich.

13. Kapitel
Star-Launen mit Star-Katzen

Berühmtheiten, auch Millionäre, beeindrucken mich nicht übermäßig. Ich kümmere mich um Katzen und um die Leute, die sie pflegen; sie können dann zufällig einen bekannten Namen tragen. Oft habe ich erst später erfahren, was für ein »großes Tier« mir da begegnet ist, weil ich es überhaupt nicht erkannt hatte. Wegen meiner Abendpraxis komme ich sehr selten ins Theater oder ins Kino und bin darum nie auf dem laufenden, welcher Star in aller Munde ist. Und wenn ich mich nachts zum Entspannen vor den Fernseher setze, flimmern nur noch die Götter von vorgestern über den Schirm.

Aber ein paar Leute, die ich mochte, waren berühmt, James und Pamela Mason gehören dazu, und ein paar Berühmtheiten mochte ich nicht, doch sie prägten sich mir ein. Als erstes fällt mir Tallulah Bankhead ein.

Sie war eine große Schauspielerin und außerdem ein verwöhntes Kind und eine Nervensäge. Wenn man sie nicht gerade erwürgen wollte, ging einem bei ihrer spontanen Wärme das Herz auf. Ich lernte sie in den Fünfziger Jahren durch den Jazzpianisten Joe Bushkin kennen, der ihr einen Welpen aus dem Wurf seines Malteserhündchens geschenkt hatte. Sie nannte die Kleine Delores und bat mich zur Vorsorgeuntersuchung.

Im Elysée-Hotel, wo sie wohnte, erwartete mich die große Tallulah, die in Hosen und Pullover und mit wallender Haarmähne genauso aussah wie auf den mir bekannten Fotos. In der einen Hand hielt sie einen Drink, in der anderen die Zigarette, und sie begrüßte mich mit ihrem berühmten sonoren Alt.

Sie war allein, was ich damals, bei meinem ersten Besuch, noch nicht zu schätzen wußte. Im Laufe der Zeit wurde mir klar, daß Tallulah, wo immer sie sich aufhielt, ein üppiges Gefolge beherbergte.

Ich schaute mich nach Delores um – kein Welpe weit und breit.

Miß Bankhead fragte: »Was möchten Sie trinken?«

»Nichts«, sagte ich ungeduldig, da ich meinen Auftrag möglichst schnell erledigen wollte. Da gingen die berühmten Augenbrauen nach oben, als Talullah überlegte, was für ein sonderbarer Vogel ihr da zugeflogen war. Sollte es etwa ein Antialkoholiker sein?

»Wo steckt der Hund?«

Die Schauspielerin wies mit einer vagen Handbewegung in ihr Apartment. »Delores kann jeden Augenblick auftauchen.«

Sie setzte sich auf das Sofa, legte die Füße auf den Wohnzimmertisch und winkte mir, auf dem Sessel ihr gegenüber Platz zu nehmen, damit wir uns über den Welpen unterhalten könnten. Noch bevor ich es mir bequem gemacht hatte, befahl hinter mir eine Stimme: »Sie müssen jetzt gehen.«

Ich fuhr zusammen, doch obwohl ich das Zimmer gründlich musterte, konnte ich niemand entdecken. Und Miß Bankhead unterbrach ihren Redeschwall auch nicht für den Bruchteil einer Sekunde.

Wenige Minuten später sagte die Stimme: »Ihre Telefonnummer, bitte?« Da reagierte nun Tallulah, und sie wischte die Bemerkung beiseite: »Das ist Chico, mein Hirtenstar.«

Endlich erschien Delores auf der Bildfläche. Als ich sie untersuchte – sie war übrigens kerngesund –, plumpste etwas auf meine Schulter. Da rieselt wohl der Gips von der Decke, dachte ich und ließ mich nicht stören.

Beim anschließenden Hausbesuch half mir die Klientin aus dem Mantel und fragte besorgt: »Herr Dr. Camuti, Sie werden doch nicht in dieser Jahreszeit ohne Mantel im Park spazierengehen?«

»Was soll das heißen?«

Sie zeigte auf mein Jackett. »Auf Ihrer Schulter ist Vogeldreck!«

Natürlich Tallulahs Zoo! Als ich der Schauspielerin von dem Malheur berichtete, sagte sie ohne die geringste Verlegenheit: »Ach, Gaylord! Der soll sich schämen.« Gaylord, der Sittich, hatte im Bankheadschen Apartment freien Auslauf, es vertrug sich nicht mit Tallulahs Großzügigkeit, ihn einzusperren. Dennoch bestand ich darauf, daß Gaylord bei allen meinen Visiten im Käfig sitzen müsse. Es wuselten ja noch genug Tiere herum: Außer dem Sittich und Chico, dem Hirtenstar, wohnten dort das Malteser-Hündchen, ein Pekinese und eine aus unerfindlichen Gründen meist ausgeliehene Siamkatze.

Als das Pekinesenfräulein kastriert wurde – ich operierte in meiner Praxis und brachte es dann ins ›Elysée‹ zurück –, studierte Tallulah Bankhead die

Rolle der Blanche für die Aufführung von Tennessee Williams' »Endstation Sehnsucht«. Einen Tag vor ihrer Abreise zu dem Autor, mit dem sie in Key West das Stück durchsprechen wollte, sollten bei Gabrielle die Fäden entfernt werden. Ich rief an, um Miß Bankhead darauf aufmerksam zu machen. »Nehmen Sie Ihre Hunde mit?« fragte ich sie.

»Natürlich, wir fliegen morgen früh.«

»Dann kommen die Fäden heute nachmittag raus.«

»Leider bin ich nicht zu Hause.«

Wir vereinbarten, daß sie einen Hundesitter besorge, der mich einlassen würde. Doch als ich am späten Nachmittag im ›Elysée‹ erschien, antwortete niemand in Tallulahs Apartment. Ich legte also dem Hotelmanager den Zweck meines Besuches dar, aber Gabrielles Fäden rührten ihn nicht.

»Ich bin nicht befugt, Ihnen aufzuschließen.«

Wir redeten hin und her, bis ich schließlich vorschlug: »Ich brauche sowieso einen Assistenten. Wenn Sie jemand vom Personal mit hinaufschicken, haben Sie zugleich die Gewißheit, daß ich Ihnen nichts vorflunkere.«

So begleitete mich dann der Portier und hielt Gabrielle, während ich die Fäden herauszog. Das dauerte bedeutend kürzer als mein zäher Kampf um den Einlaß in das Apartment. Ich wünschte voller Zorn die vergeßliche Tallulah zum Teufel und beschloß, ihr das auch in einer beißenden Formulierung kundzutun. Ich langte nach einem, wie mir schien, für Notizen bereitliegenden Block und riß eine Seite heraus – sie war bedruckt. Erst da merkte ich, daß es sich um Tallulahs Rollenbuch von »Endstation Sehnsucht« handelte. Es war mir egal. Ich drehte die Seite um und las Miß Bankhead die Leviten. Was fiel diesem

Star ein, meine Zeit derart zu verschwenden! Bis heute weiß ich nicht, ob Tallulah das Fehlen dieser Seite entdeckte, aber eins steht fest: Solange sie die Blanche spielte, übersprang sie bei jeder Vorstellung ein paar Sätze – Sie brauchen mir nicht zu sagen, welche.

Allmählich verrauchte meine Wut, denn Tallulah konnte man nichts nachtragen, und als Tierhalterin war sie über jeden Tadel erhaben. Gehorsam befolgte sie alle meine Anweisungen, kümmerte sich liebevoll um ihren Zoo und bezahlte pünktlich die Rechnungen.

Spätabends besuchte ich Delores – Tallulah hockte wie immer mit ihrem Klüngel zusammen, obschon es sinnlos war, da sie die Stimme verloren hatte. Da sie mit ihrer Laryngitis nicht sprechen konnte, schrieb sie auf ein Blatt: »Delores ist in der Küche. Ich erwarte einen HNO-Spezialisten!«

Während ich Delores eine Spritze gab, erschien bereits der Arzt, ein kleiner, schüchterner Mann im Smoking. »Ich habe meinen Weg zur Met unterbrochen, um Miß Bankhead nicht bis zum nächsten Morgen warten zu lassen«, erklärte er stockend. Besonders befangen machten ihn die sich im Wohnzimmer rekelnden Schnorrer, die das Männlein geflissentlich übersahen. Nervös bat er darum, die Untersuchung im Schlafzimmer vornehmen zu dürfen. Als ich aus der Küche trat, begleitete Tallulah ihren Arzt soeben zur Türe. Plötzlich lief er rot an und blieb stehen. »Ich habe vergessen, Antibiotika zu injizieren.«

Tallulah nickte, schob vor aller Augen den Rock hoch und beugte sich über die Sofalehne. »O.k.«, krächzte sie, »dann schießen Sie mal los.«

Der Spezialist starb fast vor Verlegenheit, ich übrigens auch, denn Tallulah trug keinen Slip.

»Könnten Sie nicht ins Schlafzimmer kommen?« fragte er leise. Tallulah zuckte die Schultern, ordnete ihr Kleid und verschwand im Schlafzimmer. Der Klüngel nahm von dem Vorfall keine Notiz – bloß die beiden Ärzte waren völlig verdattert.

Einmal fragte ich die Schauspielerin: »Warum hängen so viele Nassauer bei Ihnen herum, die auf Ihre Kosten fressen und saufen?«

»Ich kann einfach nicht allein sein«, entgegnete sie, »auch wenn ich aufs Klo gehe, brauche ich jemand, der mir die Hand hält.«

Sie wollte mich keineswegs schockieren, obwohl ich sie damals entsetzt anstarrte. Tallulah sagte bloß die Wahrheit über sich selber. Trotz dem Rummel und dem Gesindel um sie herum spürte ich stets ihre unüberwindbare Einsamkeit.

Kaum je – wenn überhaupt! – verliefen Miß Bankheads Unternehmungen ruhig und geordnet, auch Reisen bildeten keine Ausnahme. Sie rief mich an, als sie Freunde in Kalifornien besuchen wollte, die nach Tallulahs Ansicht darauf brannten, Dolly und Delores kennenzulernen.

»Unsinn«, sagte ich, »meinetwegen nehmen Sie Delores mit, aber nicht Dolly. Wie eine Katze aussieht, weiß doch jeder, selbst in Kalifornien. Dolly fühlt sich hier viel wohler.«

Mit eisiger Würde entgegnete die Diva: »Ich rufe Sie nicht an, um Ihre Ratschläge zu erbitten, sondern um Ihnen meine Pläne mitzuteilen.« Und legte den Hörer auf.

Nach einer Viertelstunde war sie wieder an der Strippe. »Sie haben wirklich nichts damit zu tun. Kein Wort von Ihnen hat mich überzeugt. Ganz allein habe ich den Entschluß gefaßt, Dolly bei Irving Hoffman in Pension zu geben.«

»O.k.«, sagte ich.

»Da ich den Nachtflug gebucht habe, brauche ich noch ein Beruhigungsmittel für Delores.«

Das sah ich ein: Der Flug dauerte 17 Stunden, und die nachts eingesetzte Boeing 247 war mit Betten ausgerüstet. Ich gab ihr also zwei Phenobarbital-Tabletten mit, eine für jeden Flug. Die verschriebene Dosis war leider zu schwach, so daß Delores auf halbem Wege aufwachte und bellte, bis alle Schläfer in den Nachbarbetten hellwach waren.

Tallulah berichtete mir das Mißgeschick telefonisch aus Kalifornien. »Für den Rückflug müssen wir die Dosis erhöhen. Die Tabletten erhalten Sie mühelos in Beverly Hills.«

»Schicken Sie mir doch das Zeug.« Miß Bankhead verhielt sich störrisch wie ein Esel.

»Ich werde gerade noch Tabletten nach Hollywood schicken!« sagte ich und nahm den Hörer vom Ohr, denn ihre Reaktion kannte ich im voraus.

Ein scharfes Klicken – Tallulah hatte, wie erwartet, den Hörer aufgelegt. Aus Erfahrung blieb ich beim Telefon und wartete. Nach ein paar Minuten klingelte es. »Senden Sie mir nun diese Tabletten?«

»Nein.«

Wieder schmetterte sie den Hörer auf die Gabel.

Der dritte Anruf erfolgte zehn Minuten später. »Es kommt jemand bei Ihnen vorbei und holt die Arznei ab.«

Na also!

Ein anderes Mal sollte sie in Las Vegas auftreten, und Delores reiste mit. Ich schlug ihr vor, dem Malteserhündchen vor dem Abflug eine Beruhigungsspritze zu geben, was ihr gleich einleuchtete. Wir machten aus, daß ich sie im ›Elysée‹ abholen würde, um mit ihr zusammen zum Flughafen zu fahren.

In der noblen Limousine saß neben dem Chauffeur einer ihrer Begleiter und bändigte Delores, während Tallulah und ich auf dem Rücksitz Platz genommen hatten. Sie umklammerte einen gigantischen Beutel, vollgestopft mit Make-up-Zubehör und Arzneimitteln. Alle zwei Minuten beugte Tallulah sich vor und fragte den Fahrer: »Sind wir bald da?«

»Wir sind viel zu früh dran«, beschwichtigte ich, »Sie verpassen keinesfalls das Flugzeug.«

»Sie haben von Tuten und Blasen keine Ahnung«, fauchte sie. »Auf einen Star warten immer Reporter und Fotografen, da muß ich mich noch zurechtmachen.«

Damit kippte sie ihren Beutel auf den Boden aus und wühlte auf dem Autoteppich nach Rouge, dem passenden Lippenstift, einem Kamm und anderen Utensilien. Als wir in La Guardia eintrafen, war weit und breit kein einziger Reporter oder Fotograf zu entdecken. Großäugig schaute Tallulah mich an. »Glauben Sie, daß eine zweite VIP um den Weg ist?«

Wer immer auf dem Flughafen nicht wußte, daß die berühmte Tallulah verreiste, merkte es sehr schnell, als ihr Gepäck ausgeladen wurde – es füllte ohne weiteres ein Flugzeug – und ihr Gefolge sich um uns scharte: der Hüter von Delores, Tallulahs Anwalt, ihr Friseur, die Kosmetikerin, eine Sekretärin, drei oder vier Freunde, ihr Mädchen Rose und – da staunte ich – ein Zahnarzt. Der Lärm und das Geschnatter drang bis nach Manhattan, als sich der Troß – einige Gepäckträger waren inzwischen dazugestoßen – auf den Schalter von United Airlines zu bewegte.

Der Angestellte der Fluggesellschaft erspähte sofort Delores' Reisekorb. »Was ist das?«

»Das braucht mein Hund«, erläuterte Tallulah.

»Diesen Reisekorb können Sie leider nicht nehmen, United Airlines wird Ihnen einen anderen zur Verfügung stellen.«

»Hören Sie mal, junger Mann«, dröhnte die Schauspielerin voller Autorität. »Delores reist in ihrem eigenen Korb.«

Eine Menge von Gaffern sammelte sich an. Und vor diesem Publikum setzte sich Tallulah entschlossen in Szene, indem sie mit schallender Stimme den Angestellten mit seinen spießigen Vorschriften abkanzelte. »Kein Wort mehr davon, basta!«

Der Direktor wurde geholt, der das gleiche sagte wie der Mann am Schalter, dann repetierte Tallulah ihre Donnerrede – da griff ich ein. Ich schickte Tallulah samt Gefolge in die VIP-Lounge, und die Gaffer zogen hinterdrein.

»Sehen Sie«, wandte ich mich an den Direktor, der mir ein vernünftiger Mann schien, »wenn Sie erlauben, daß Miß Bankhead den Hund in ihrem privaten Reisekorb ins Flugzeug trägt, ist das Problem gelöst. Ohne Publikum wird sie sich an Bord den Vorschriften fügen.«

»Gut.« Er stimmte zu.

Wohlweislich sparte ich mir die Mühe, ihm den wahren Sachverhalt auseinanderzusetzen: Der Hund brauchte überhaupt keinen Reisekorb, da ich ihn betäuben wollte.

Vor allen anderen Passagieren geleitete die Stewardeß Miß Bankhead, Delores und mich an Bord der DC 7, die im rückwärtigen Teil einen Aufenthaltsraum besaß. Dort legte Tallulah den Hund auf einen Tisch, und ich gab die Spritze, die innerhalb weniger Minuten wirkte.

Wir erzählten der Stewardeß von der Narkose, und mit ihrer Erlaubnis verzichteten wir auf den vorgeschriebenen Reisekorb, da Tallulah Delores, die still zu ihren Füßen ruhte, jede Stunde auf die andere Seite drehen mußte.

Ich wünschte Miß Bankhead eine gute Reise und verließ das Flugzeug mit einem Seufzer der Erleichterung. Plötzlich hörte ich hinter mir lautes Rufen. Wahrhaftig, Tallulah stand mit der Stewardeß oben auf der Treppe und winkte heftig. Ich kehrte zurück. »Was ist los?«

»Der Hund ist tot!« klagte Tallulah.

»Quatsch«, sagte ich.

»Sehen Sie ihn sich an.«

Ich betrat zum zweitenmal das Flugzeug und kniete neben Delores. »Dem Hund fehlt nichts«, sagte ich nach einer Minute, lüftete meinen Hut und verschwand.

»Geben Sie Gas, bevor diese Irre noch einmal loslegt«, japste ich und sank neben dem Chauffeur in die Polster.

Natürlich verlief die Reise reibungslos: Delores schlief bis zur Ankunft in Las Vegas, wie ich Tallulah prophezeit hatte. Und Tallulah wendete jede Stunde ihren Hund, denn so anmaßend und willkürlich sie auch mit Leuten umsprang, ihre Tiere behandelte sie liebevoll – liebevoller als sich selbst.

Wer mit Tallulah Bankhead zu tun hatte, geriet immer in den Wirbel eines Hurrikans. Niemand wußte, welcher Sturmstärke er sich aussetzte oder was ihm im nächsten Augenblick geschah. Sie machte es sich und anderen nicht leicht, doch ich erinnere mich an sie mit einem Lächeln. Liebe war das Maß ihrer Seele – Tallulahs Tiere haben es erfahren.

Viele Leute glauben ja, Schauspieler würden im Film oder auf der Bühne sich selber darstellen. Doch weshalb sollte ein Komiker, bei dessen Späßen das Publikum sich vor Lachen den Bauch hält, auch zu Hause Kapriolen machen? Oder eine Künstlerin, die in einem Film als Flittchen auftritt, an ihren freien Abenden auf den Strich gehen? Dazu sind sie Schauspieler, daß sie mit Lust sich Fremdes anverwandeln.

Durch meine Praxis lernte ich eine ganze Reihe von Künstlern kennen, doch kaum einer glich im Privatleben seiner Charakterrolle von Bühne oder Film. Ich brauche nur an James Mason zu denken. Auf der Leinwand erschien er als der geleckte, elegante Typ, der sich unversehens als Spion oder Mörder entpuppte, während ich als Tierarzt seine warmherzige Fürsorge gegenüber Katzen schätzte.

1947 kamen die beiden Masons mit fünf Katzen, einem Hund und dem erforderlichen Personal von England nach New York, um als Hauptdarsteller in dem – übrigens erfolglosen – Theaterstück »Bathsheba« aufzutreten. Sie hatten in der City ein Apartment gemietet, verbrachten aber Mittwoch und das Wochenende in einem Ferienhaus in Connecticut.

Die Katzen residierten auf dem Land, da sie dort nach Belieben umherstreifen konnten, wie sie es von England her gewohnt waren. Das Personal konnte sich selbstverständlich nicht um den Verbleib jeder einzelnen Katze kümmern. So geschah's, daß eines Tages die Lieblingssiamkatze Tree verschwunden war. Verzweifelt rückten die Masons in allen Lokalblättchen Vermißtanzeigen ein, sie nahmen mit dem örtlichen Tierschutzverein Kontakt auf, schrieben die Nachbarn an, informierten sämtliche Tierärzte in weitem Umkreis und befragten jedes Kind, das ihnen in Greenwich über den Weg lief. Polizei und Privatdetektive suchten Tree, für dessen Auffinden eine Belohnung ausgesetzt war. Und Hollywoods Klatschtante Louella Parsons bat in ihrer Radiosendung um Unterstützung. Sooft die Masons in New York Theater spielten, kämmte ihre Haushälterin bis tief in die Nacht die Wälder durch und lockte die Katze – erfolglos.

Natürlich wurden die Masons mit Anrufen überschüttet, und sie verfolgten jeden Hinweis, aber ohne Ergebnis.

Sechs Tage nach Trees Verschwinden brachten zwei Männer die kleine Leiche, die sie mehrere Kilometer entfernt am Straßenrand entdeckt hatten.

Sofort eilten die Masons mit Tree zum Tierarzt, um die Todesursache zu erfahren. Sie vermuteten, daß ihr Liebling an Erschöpfung gestorben war. Doch der Veterinär stellte Tod durch Überfahren fest. Die vielen Kilometer bis zur Unfallstelle konnte die Katze jedoch unmöglich gelaufen sein – ihre Pfoten waren nicht die Spur abgenutzt. Nein, Tree war entführt worden.

Das Warum blieb ein Rätsel. Der oder die Täter mußten die Katze im Garten aufgelesen – Tree hielt sich stets in der Nähe des Hauses auf – und später ausgesetzt haben. Tree war keine Pioniernatur: Der Ärmste hatte auch nicht die geringste Chance heimzukehren. Nach zwölf Jahren des Zusammenlebens traf sein Tod die Masons schwer; sie verloren die Freude an Greenwich und zogen weg nach Riverdale. Dort lernte ich sie kennen.

Erst nach geraumer Zeit vermochten sie es, über ihren scheuen und sanften Liebling zu sprechen. Tree schloß sich nicht leicht fremden Leuten an, die in seinen Lebenskreis traten. Doch im englischen Beaconsfield freundete er sich mit einer Nachbarin der Masons an, als er wegen der Nachmittagssonne in ihren Garten stieg. Da die erste Begegnung ausnehmend harmonisch verlief, besuchte Tree die Frau mehrmals in der Woche – bis er eines schönen Tages zu Hause mit einem knusprigen Brathähnchen im Maul erschien, einem Souvenir nach seinem Geschmack.

Der Siamkater war eine vornehme, reinliche Katze, er trug also das Hähnchen hoch über dem matschigen Boden, so daß es unbeschadet bis auf den Abdruck der Zähne bei den Masons anlangte.

Stolz legte die Katze den beiden ihre Beute vor die Füße, und das Ehepaar lobte überschwenglich Geschick und Mut des Tieres, obwohl die »heiße Ware« – so nannten sie das Hähnchen – sie recht in Verlegenheit setzte, denn die Nachbarin würde den Diebstahl kaum mit Humor hinnehmen.

Um die Beziehung jener Frau zu Tree nicht zu belasten, gab es nur eine Lösung: Allen Katzen im Masonschen Haushalt – Tree, Topboy, Whitey, Lady Leeds, auch Nibbler, dem Kater der Haushälterin – wurde ein üppiges Hähnchenessen serviert, im übrigen hielt man brav den Mund.

Nun habe ich noch eine andere Geschichte im Ärmel – sie ist bizarr, und ich komme nicht besonders gut in ihr weg. Der Titel könnte lauten: Der Katzendoktor und die mißachtete Diva. Es handelt sich nicht um eine Klientin von mir, sondern um deren Mutter. Sooft ich die Siamkatze der Tochter behandelte, stand die Alte unter der Türe und bestürmte mich mit tausend Fragen. Ich fand die Tochter ja sehr nett, aber ihre Mutter unausstehlich und wünschte sie dahin, wo der Pfeffer wächst. Und dann hatte die Siamkatze Junge, die zu allem Unglück von einem Ekzem befallen wurden, und das bedeutete mehrere Hausbesuche. Nicht ein einziges Mal konnte ich mich um die Kätzchen kümmern, ohne daß diese gräßliche Mutter mich löcherte: »Warum machen Sie das? Und wozu taugt jenes? Sagen Sie mir doch ...«

Schließlich nahm ich meine Klientin beiseite. »Wir zwei vertragen uns ja gut«, sagte ich, »aber ich kann einfach nicht in Ruhe arbeiten, wenn Ihre Mutter mit ihrer Fragerei anfängt. Erfinden Sie doch eine Ausrede, daß sie nicht zu mir ins Zimmer rennt, oder, noch besser, schicken Sie sie aus dem Haus.«

Nach jeder Visite stieg ich schäumend vor Wut zu Alex ins Auto, und sie beruhigte mich nur mühsam bis zum nächsten Klienten.

Eines Abends hockte ich vor dem Fernseher, während Alex in der Küche hantierte. Plötzlich erschien die Tochter auf der Mattscheibe. »Alex«, rief ich, »schau dir schnell Mrs. Riva an, die mit der Mutter.«

Alex sauste herbei, warf einen Blick auf Maria Riva – in meiner Kartei war sie nur als Mrs. William Riva eingetragen – und sagte erstaunt: »Weißt du nicht, wer das ist?«

»Doch, die Klientin mit der Nervensäge als Mutter.«

Ungläubig schüttelte Alex den Kopf. »Lou, das ist die Tochter von Marlene Dietrich. Hörst du, Marlene Dietrich!«

»Gleichviel, mir fällt sie auf die Nerven.« Alex setzte ihren nachsichtigen Leidensblick auf, mit dem sie mich manchmal mustert: »Sind dir ihre Beine nicht aufgefallen?« – »Wieso? Ich sollte mir dort doch ein Ekzem ansehen.«

Nicht nur Künstler, sondern auch Vertreter der Geldprominenz zählen zu meinen Klienten. Freilich rechne ich Millionäre nicht zu den Berühmtheiten: Es ist höchst angenehm, viel Geld zu besitzen, aber man sollte nicht soviel Aufhebens darum machen – soviel zu meiner persönlichen Einstellung. Sicher, ich begegnete fröhlichen und charmanten Millionären, aber sie bilden die Ausnahme von der Regel. Glücklich sind bloß die Männer, die das Vermögen verdienen, nicht die Erben.

Zur melancholisch stimmenden Sorte von Millionären gehörte auch Doris Duke, eine reizende, schlanke junge Frau. Ihr Vater gründete die American Tobacco Company und wurde steinreich. Als er starb, hinterließ er seiner dreizehnjährigen Tochter ein Vermögen von über 70 Millionen Dollar.

1936 heiratete Doris Duke einen Mann namens James Cromwell. Und was kann ein Bräutigam seiner millionenschweren Braut noch schenken? Zwei niedliche Siamkätzchen. Nächste Szene: Camuti tritt auf.

Ich sollte den Gesundheitszustand der beiden Tiere auf Duke Farms, dem Landsitz von Doris in New Jersey, untersuchen. Doris empfing mich in derben Arbeiterhosen. Meine Vorfahren, die Grafen Camuti, lebten in Italien ja auch recht begütert, aber es war kein Vergleich mit Duke Farms, einem Besitz von 2000 Morgen Land mit 125 Angestellten. Auf dem Weg zum Hauptgebäude führte mich Doris noch durch ihre Treibhäuser, wo sie mehrere tausend Orchideen züchtete. Meine Erziehung war zwar darauf angelegt gewesen, vor Geld nicht in die Knie zu gehen, aber beeindruckt war ich doch. Nachdem wir uns eingehend über die Katzen und ihre Pflege unterhalten hatten – Doris hing dazu ihre Beine über die Sessellehne –, fragte mich die junge Dame, ob ich mir den Besitz ansehen wolle. Ich griff begeistert zu, und sie bestellte einen Wagen. Ein siebensitziger offener Tourenwagen fuhr vor.

Doris setzte sich ans Steuer, und ich schob mich neben sie.

»Ich muß Sie übrigens noch warnen«, sagte sie, »die Hunde mögen es nicht, wenn Sie mir zu nahe kommen oder mich berühren. Denken Sie daran, dann passiert nichts.«

Auf ihren Ruf hin rannten drei riesige dänische Doggen über die Wiese und sprangen auf den Rücksitz. Ich erstarrte. Bei dem Gedanken, daß eine Bewegung von mir sie reizen könnte zuzupacken, brach mir der kalte Schweiß aus. Ich saß da wie gelähmt, obwohl ich mir gerne mit dem Taschentuch die Stirn gewischt hätte.

Doris Duke startete den Wagen, und auf ging's zum längsten Ausflug meines Lebens, obwohl er kaum eine Stunde dauerte. Die ganze Zeit leckten die Hunde meine Glatze, und ihr warmer, klebriger Speichel troff über mich herab. Doris schien es nicht zu bemerken, sondern plauderte über diese und jene Gebäude ihres Guts, während ich stocksteif neben ihr saß, naß, stinkend, vollgeschleimt.

Endlich war die Besichtigungsfahrt zu Ende. Ich verschwand in einem Badezimmer und zog mich bis zum Gürtel aus. Doris Duke mußte die Waschprozedur ihrer Doggen aufgefallen sein, denn es war ihre Hand, die mir nach einem Klopfen an die Türe ein herrlich weiches Frottiertuch reichte.

Als Hausarzt der beiden Siamkatzen besuchte ich den Landsitz noch öfters und auch das Stadthaus an der Fifth Avenue, in dem Doris Dukes Mutter lebte. Ein Hausmädchen führte mich dann zu den Katzen, ich erfüllte meine ärztlichen Pflichten, schickte die Rechnung und erhielt mein Honorar von der Gutsverwaltung überwiesen. Alles lief geschäftlich glatt, bis der neue Ehemann, James Cromwell, in Aktion trat. Als Pete, die eine der beiden Siamkatzen, eine intensive Betreuung verlangte mit Röntgenaufnahmen in der Stadt und mehreren Visiten auf dem Landsitz, schlug ich Mrs. Cromwell vor, sich an einen ortsansässigen Tierarzt zu wenden. Aber nein, sie wollte mich haben.

Auch gut. Als die Behandlung abgeschlossen war, schickte ich wie gewohnt die Rechnung, erhielt aber einen knappen Brief der Sekretärin mit dem Vorwurf: »Sie beuten Mrs. Cromwell aus. Ihre Forderung von 385 Dollar für sieben Hausbesuche und die Röntgenaufnahme in New York ist unanständig überhöht.« Mein Honorar war happig, das stimmte, aber mit der Hin- und Rückfahrt verlor ich bei jeder Visite auf dem Landsitz einen ganzen Tag, und ich sah nicht ein, warum ich Mrs. Cromwell zuliebe auf mein Geld verzichten sollte. Schließlich mußte ich ja allen anderen Klienten jeweils absagen. Als die Sekretärin noch anmerkte, ein Naturarzt aus Philadelphia behandle Mr. *und* Mrs. Cromwell in eineinhalb Stunden und verlange pro Konsultation nicht mehr als 25 Dollar, lief mir die Galle über. Ich schrieb zurück: »Ich bedaure die Situation. Aber weder Sie, liebe Miß Knox, noch Mrs. Cromwell haben sich im voraus über meine Honorarsätze informiert. Und Sie können nicht erwarten, daß ich bei der Bewertung meiner Zeit mich nach irgendeinem anderen Arzt richte. 15 Dollar in der Stunde ist mein Minimum, somit beläuft sich eine Visite in Duke Farms eben auf 75 Dollar.«

Darauf antwortete Mr. Cromwell persönlich, sackgrob: »Ich bitte Sie, von weiteren Hausbesuchen Abstand zu nehmen angesichts Ihrer anmaßenden, geradezu kriminellen Forderungen.«

Verdrossen tippte ich in die Maschine: »Ich habe

Ihre Briefe satt. Schicken Sie mir einen Scheck über den Ihnen angemessen erscheinenden Betrag.«

Natürlich erhielt ich ein neues Schreiben von Mr. Cromwell, in dem er mir langatmig auseinandersetzte, was dem Naturarzt mit seiner längeren Anreise recht sei – schon wieder diese Story! –, nämlich 25 Dollar pro Visite, müßte ich doch billigen. Und die Röntgenaufnahme in New York sei mit 10 Dollar reichlich abgegolten. Im Umschlag steckte ein Scheck über 285 Dollar.

Nun war ich wieder an der Reihe: »Es wird mir ein Vergnügen sein, Bekannten und Klienten mitzuteilen, daß ich Doris Duke eine wohltätige Spende von 100 Dollar übergeben habe.«

Hier bekam die aus Hawaii heimgekehrte Mrs. Cromwell offensichtlich Wind von unserem Scharmützel. Plötzlich lag in meiner Post ein Scheck über 100 Dollar, ausgestellt von ihrem New Yorker Büro.

Wer zuletzt lacht, lacht am besten – und das war ich. Doris hob das Hausverbot ihres Mannes auf, und ich betreute noch 24 Jahre lang die Dukeschen Katzen, erst die beiden Siamesen, dann ihre Nachfolger. Wenn medizinisch nichts anfiel, dann schnitt ich ihnen eben die Nägel. Und ich überdauerte James Cromwell, der schnell aus Doris Dukes Leben verschwand, um viele Jahre, und ich habe ihm keine Sekunde nachgeweint.

14. Kapitel
Wohngemeinschaften

Wenn es nach mir ginge, hätte jede Katze ein Heim, aber nicht unbedingt dasselbe. Es gibt nämlich eine obere Grenze, wie viele Katzen in einem Haushalt aufgenommen werden können, obwohl ich mich da auf keine bestimmte Zahl festlegen möchte. Eine Menge Katzen bringt mancherlei Beschwerden und ist oft mehr Last als Freude.

Darum sollte jeder Tierfreund, bevor er seine Schar vergrößert, sich aufrichtig prüfen, ob er den Zuzügler betreuen kann, ohne die Alteingesessenen zu vernachlässigen.

Wer den ganzen Tag beruflich außer Haus ist, sollte unter allen Umständen zwei Katzen halten. Niemand ist gern Tag für Tag allein in der Wohnung – das gilt auch für Vierbeiner.

Die Einzelkatze äußert ihr Mißvergnügen über das Verlassensein, indem sie das Bett beschmutzt, Vorhänge oder Polstermöbel zerreißt, Schnitzel aus Toilettenpapier herumstreut, Blumentöpfe umkippt, Nippes zertrümmert etc. In einem solchen Fall können Sie nur Ihren Job aufgeben und zu Hause bleiben, oder – was einleuchtender ist – sich halt eine zweite Katze zulegen.

Dolores Kreisman, eine Wissenschaftlerin, besaß einen weißen Kater Smitty, der aus Rache in ihr Bett pinkelte, sooft sie später als gewohnt heimkehrte, zumindest später, als ihm recht war. Doch Smitty hörte sofort damit auf, als eine dunkelbraune Spielkameradin, Kußmäulchen, auftauchte. Nicht daß er Kußmäulchen besonders schätzte, aber er akzeptierte sie; ihre Gegenwart beschäftigte ihn, und er brauchte nicht mehr darüber nachzudenken, wann Dolores endlich nach Hause kam, um ihn zu betutteln.

Ein Zweikatzenhaushalt erfordert etwas mehr Sorgfalt im Tagesablauf, da jedes Tier seine eigene Schüssel zum Fressen benutzen sollte. Phyllis Levy erzog ihre Lieblinge Barnabas und Tulpe in dieser Hinsicht tadellos. Die eine Katze füttert sie auf dem Boden, die andere auf dem Tisch, so weiß sie stets Bescheid, ob eins der Tiere keinen Appetit hat – das erste Anzeichen einer möglichen Erkrankung – und welches: Sie muß bloß einen Blick auf die betreffenden Schüsselchen werfen.

Am bequemsten kommen Sie zu einem Zweikatzenhaushalt, wenn Sie beide Kätzchen auf einmal aufnehmen. Wohl werden sie sich anfangs streiten, bis die Hackordnung hergestellt ist, aber keins fühlt sich in seinem Besitzanspruch auf das häusliche Territorium durch einen hergelaufenen Eindringling gestört, da weder das eine noch das andere Vorrechte geltend machen kann.

Wenn eine Katze schon mit allen Rechten und Gewohnheiten sich eingerichtet hat, ist die Aufnahme eines Neulings oft schwierig, aber nicht unmöglich. Es braucht allerdings Zeit und Geduld. Ich rate immer zur Trennung der beiden Katzen für ein paar Tage, notfalls auch für Wochen, bis ein Tier sich an die Gegenwart des anderen jenseits der geschlossenen Türe gewöhnt hat. Wechseln Sie gelegentlich, indem Sie A in Bs Territorium einlassen und umgekehrt, damit sie sich gegenseitig riechen lernen. Mit dieser Methode können Sie übrigens auch Hund und Katze aneinander gewöhnen.

Dieses Verfahren bringt zwar zuverlässige Erfolge, ist aber nicht immer simpel zu handhaben, wie Barbara Baxleys Erlebnis zeigt. Diese hinreißende Schauspielerin führte einen soliden Einkatzenhaushalt mit Tula, als sie auf der Straße miterleben mußte, wie ein schwarzweißes Kätzchen von einem Mann mißhandelt wurde. Rasch hob es Barbara auf, ohne einen Gedanken an Zukunftsprobleme zu verschwenden, taufte das Häuflein Elend auf der Stelle Isabel, zischte dem Tierquäler zu: »Ich werde Sie beim Tierschutzverein, Dr. Camuti und anderswo anzeigen« und brachte Isabel nach Hause.

Dort wurde ihr klar, wie unbedacht sie, von Mitleid getrieben, gehandelt hatte. Sie war soeben von einer Tournee durch ganz Amerika zurückgekehrt und der allgemeinen Unordnung noch nicht Herr geworden, als sie zwei feindliche Katzen miteinander vertraut machen mußte. Tula, die lange Jahre allein das Katzenregiment geführt hatte, war nicht gesonnen, Barbaras Herz und Wohnung mit dem Fremdling zu teilen. Wenn man die Tiere sich selber überließ – das wußte Barbara –, würde Tula Isabel rücksichtslos umbringen. Also hielt sie ihre zwei Katzen in getrennten Zimmern voller Hoffnung, daß Tula sich an Isabels Anwesenheit und Geruch gewöhnen werde. Welch ein Irrtum: Tulas Haß auf den Zuzügler, den sie wohl roch, aber nie sah, schmolz nicht.

Auf meinen Vorschlag ließ Barbara zwischen dem

Schlaf- und dem Wohnzimmer eine Gittertüre einbauen, damit die beiden Katzen sich beäugen konnten. Diese Einrichtung bewährte sich sehr, Tula als die Ältere schlief wie bisher bei Barbara, wurde aber tagsüber mehrmals ins Wohnzimmer gesetzt, nachdem Barbara Isabel in Sicherheit gebracht hatte. So sollte die Platzherrin die Rivalin zur Kenntnis nehmen. Die Kleine durfte sich derweil im Schlafzimmer oder auf dem angrenzenden Balkon tummeln, um sich in Tulas Reich einzuleben.

Nach vielen Monaten wurde die Gittertüre geöffnet, und die beiden Katzen schlossen Frieden. Tula warf sich unverzüglich zum Boß auf, während Isabel sich fügte.

Fangen Sie bloß nicht an, Isabel zu bemitleiden als das arme Geschöpf, das sich immer ducken muß, erst unter die Fuchtel des Tierquälers, dann unter Tulas Strenge. Die Kleine war keineswegs sanft, sondern ein zäher Brocken. Durch die frühen Mißhandlungen hatte sie psychische Schäden davongetragen, so daß sie Barbara und mich wie ein Raubtier angriff, als ich nach der Kastration die Fäden entfernen wollte. Isabel, die jede Berührung verabscheute, ließ sich kaum festhalten. Sie biß und kratzte, bis wir beide loslassen mußten – und weg war sie. Wir kehrten in der ganzen Wohnung das Unterste zuoberst, um Isabel aufzustöbern und fertig zu behandeln.

Noch einmal – lange nach Tulas und Isabels Tod – gewährte Barbara Baxley zwei Katzen ein Dach über dem Kopf. Doch diesmal fand sich das Pärchen ohne Hin und Her und Gittertüre.

Zuerst zog Mr. Fay Wray bei Barbara ein; ein Freund hatte ihr diesen Kater samt einer kleinen Summe hinterlassen, die zu seinem Unterhalt dienen sollte. Mr. Fay nahm den ersten und einzigen Platz in

Barbaras Herzen ein – zumindest sah sie das so. Aber Mr. Fay änderte das. Als er auf dem Landsitz der Schauspielerin einem niedlichen vagabundierenden Katzenfräulein begegnete, brachte er es mit heim. Kiki stapfte über die Schwelle, sie mochte Mr. Fay, sie mochte das Haus und Barbara – und sie blieb. Das Zusammenleben stellte keine Probleme, da der Kater die Wahl getroffen hatte.

Viele Katzen, viele Freuden, so rühmen immer jene Klienten, die über ein Dutzend, ja manchmal bis zu fünfzig Tieren besitzen. Ich denke an die viele Arbeit, die dabei anfällt, und entgegne jeweils: »Ihr Herz ist größer als Ihre Vernunft, denn Sie opfern sich auf.« Jene Leute kommen doch vor lauter Futterschüsseln füllen und Katzenklos putzen zu keiner Geselligkeit. Ob sie es wahrhaben wollen oder nicht, nach dem Beruf sind diese Tierhalter ausschließlich für ihre Katzen tätig, sobald sie die Haustüre öffnen.

Und in all diesen Katzenwohngemeinschaften schlägt einem unvermeidlich ein grauenvoller Gestank entgegen. Da hilft alle Sauberkeit nicht. So viele Katzen produzieren einen Geruch, der sich in den Teppichen verfängt, den Möbeln und Vorhängen, ja, er dringt sogar in die Wände ein. Aber wer seine Katzenschar liebt, ist offenbar gewillt, diesen Preis zu bezahlen.

Man kann einwenden: Aber leben die vielen Katzen einer Wohngemeinschaft bei regelmäßigem Futter nicht glücklicher als auf der Straße, wo sie sich allein durchschlagen müssen? Der Frage begegne ich mit dem Hinweis: »Katzen sind äußerst anfällig für Krankheiten; wenn im Haus ein Tier erkrankt, stekken sich die anderen sogleich an.«

Eine Klientin von mir liebte Siamkatzen über alles,

sie besaß mehr als zwei Dutzend ausgesucht schöne Exemplare, deren jedes einen Blumennamen trug.

Diese Dame fiel – im Gegensatz zu mir – aus allen Wolken, als sämtliche Siamesen auf einmal den Katzendoktor brauchten. Ich ging mit einem Köfferchen voller Spritzen zu ihr und richtete mich in der Küche ein.

Sie brachte mir eine Mieze nach der anderen, und ich spritzte Vergißmeinnicht, Krokus, Pethunie, Veilchen, Rose, Lilie, Narzisse, Aster und – wenn ich recht erinnere – auch Stinkende Hoffart. Wieder erschien die Klientin mit einer Katze auf dem Arm »Uff!« sagte ich und verschnaufte. »Wie viele Siamesen halten Sie eigentlich?«

»Siebenundzwanzig.«

Ich starrte sie an. »Eben habe ich die zweiunddreißigste Spritze aufgezogen – Sie müssen einige Tiere zweimal angeschleppt haben.«

Die Siamesen glichen sich wie ein Ei dem anderen, so daß niemand sie unterscheiden konnte, auch nicht die Besitzerin, obwohl sie das fest glaubte. So hatte ich nach aller Wahrscheinlichkeit ein paar Tiere zwei- oder dreimal behandelt, andere gar nicht.

Beim nächsten Besuch arbeiteten wir nach System. Jede Katze erhielt nach der Injektion ein Kennzeichen mit dem Lippenstift – damit war die medizinische Versorgung für jede gesichert. Bis die 27 Siamesen gesund waren, liefen sie bald mit einem roten Ohr, bald mit einer roten Schwanzspitze herum, je nach Visite, da wir uns immer etwas Neues einfallen ließen.

Diese Klientin – und sie befindet sich da in bester Gesellschaft – kümmert sich um ihre zahlreiche Katzenschar aus einem überentwickelten Mutterinstinkt. Ich als Katzendoktor sehe diese Leute nur völlig erschöpft ihren Pflichten hinterherrennen. Sie leben in einer selbstgewählten Tretmühle, wenn sie, müde von ihrer Arbeit zurückgekehrt, bis Mitternacht ihre Tiere versorgen. Meine Warnung schlagen sie in den Wind. »Lebendes Inventar«, sage ich ihnen, »verlangt Arbeit, vierundzwanzig Stunden im Tag, siebenmal die Woche. Und nie gilt die Entschuldigung: Das erledige ich morgen!«

Doch die echten Katzenfanatiker *wollen* Opfer bringen. Sie nehmen leichthin Einschränkungen und Unannehmlichkeiten in Kauf. Aus Furcht vor dem Katzengestank lehnen viele Hausbesitzer solche Multitierhalter als Mieter ab. Wer sich kein eigenes Haus leisten kann, lebt deshalb weder in dem seinem Einkommen entsprechenden Stadtbezirk noch in einer hübschen Wohnung.

In Manhattan bewohnte ein Ehepaar jahrelang ein dunkles Einzimmerapartment. Trotz allem Suchen fanden sie nichts Größeres, da alle Vermieter vor den zwölf Katzen zurückschreckten und die beiden sich von keiner einzigen trennen konnten. So machten sie es sich in dem einen Zimmer bequem und legten sich noch einen Hund, einen Affen und ein Aquarium voller Fische zu.

Um das kleine Zimmer optimal zu nutzen, installierte das Ehepaar an der Decke einen Käfig mit Flaschenzug als Behausung für ihren Affen.

Das erwies sich als ein durchschlagender Erfolg, deshalb bastelten sie noch Schaukeln, eine Laufbühne und erhöhte Schlafnischen für die Katzen. Die waren begeistert! Sie kletterten an den Seilen hinauf, um den Affen zu ärgern, spielten Fangen miteinander, griffen ihre Kameraden aus dem Hinterhalt an und was Katzen sonst noch für Spielchen treiben. Mich erinnerte das Zimmer mit seiner Takelage an einen Viermastschoner oder den Schnürboden der Met.

Wie durch ein Wunder fanden sich alle in diesem Wirrwarr zurecht. Als das Ehepaar mit seiner Menagerie in einem New Yorker Vorort ein Einfamilienhäuschen bezog, dachte ich, daß die Schnüre und Taue nun weggepackt würden. Weit gefehlt. Die Laufbühne sowie die Schaukeln und Nischen wurden vollzählig wieder aufgebaut, und, da mehr Platz vorhanden war, noch ergänzt mit Treppen und weiteren Schaukeln.

Mr. und Mrs. Roland wirkten wie ein ganz normales Ehepaar mittleren Alters, das in einem normalen Häuschen mit einem an den Wald angrenzenden Garten wohnte. Wer den Inhalt ihres Vorratsschranks nicht kannte, hätte sie nie als Katzenbesitzer eingestuft. Entdeckte man aber die drei Reihen tief stehenden Dosen mit Katzenfutter in den Regalen, mußte man sich fragen, wie viele Tiere sie denn hielten. Die Rolands erklärten mir mit Überzeugung: »Wir besitzen eigentlich gar keine Katzen, denn sie dürfen das Haus nicht betreten.« Alles begann mit einer entlaufenen Katze, die eines schönen Tages am Kücheneingang aufkreuzte. Die Rolands stellten ihr ein Schüsselchen mit Futter hin. Sie fütterten sie auch am nächsten Tag, und am dritten kam »ihre« Katze schon mit einem Kameraden an. Wie ein Lauffeuer verbreitete sich unter sämtlichen Katzen des Distrikts die Nachricht: »Die Verpflegung bei Rolands ist top!« Und fortan kauften die beiden das Katzenfutter kistenweise.

Da weder Mr. noch Mrs. Roland mit den Katzen spielten oder Namen austeilten, zählten sie sich nie zu den Katzenbesitzern. Sie freuten sich, daß ihre

Kostgänger die zahlreichen Maulwürfe jagten, die sich durch den Rasen pflügten, und die Katzen wiederum schätzten die Futtertöpfe, welche Mrs. Roland jeden Tag im Hinterhof aufstellte.

Erst als die Rolands ihr Haus verkaufen wollten, tauchten unversehens Schwierigkeiten auf. Das Ehepaar führte mehrere Makler herum, die alle recht beeindruckt waren. Unglücklicherweise besichtigte der letzte Makler das Objekt zur Abendbrotzeit der Katzen. Als er zufällig aus dem Küchenfenster schaute, entdeckte er, wie erst eine, dann zwei weitere erwartungsvolle Katzen aus dem Wald kamen. »Gehören die Ihnen?« fragte er die Rolands. »Eigentlich nicht«, sagte Mrs. Roland, »sie bekommen hier bloß zu fressen.«

Und schon klapperte sie mit den Futtertöpfen. Sobald sie alle gefüllt hatte, stürzte sich über ein Dutzend Katzen darauf. Der Makler flüchtete, und seither verbreitete sich in der Nachbarschaft das Gerücht, die Rolands beherbergten auf ihrem Grundstück ein Rudel Wildkatzen. Kein Wunder, daß jeder Interessent sich gleich verkrümelte.

Ein Käufer entschloß sich jedoch zuzugreifen. Als er dem Makler lauthals erklärte, die Katzen würden ihn nicht stören, da er sie alle erschießen oder vergiften wolle, weigerte sich Mrs. Roland, diesem Mann das Haus zu verkaufen.

Aus lauter Verantwortungsgefühl gegenüber den Katzen nahmen die Rolands ihr Haus vom Immobilienmarkt zurück. Ihnen war plötzlich bewußt geworden, wie sehr sich ihr Leben um die von ihnen betreute Schar drehte, die Abend für Abend zur gleichen Zeit auftauchte. Schließlich waren die Katzen auf sie angewiesen. Blieben die Rolands mit ihren Futtertöpfen nur ein paar Minuten im Verzug, setzte aus der Menge bedrohliches Geheul ein. Wenn sie ihre Töpfe sauber ausgeleckt hatten, verschwanden die Tiere wieder still im Wald bis zum nächsten Spätnachmittag.

Über zwanzig in Farbe und Größe verschiedene Katzen versammelten sich zum Abendbrot – doch unverhofft verringerte sich die Zahl der Kostgänger. Innerhalb weniger Wochen meldeten sich erst noch acht, dann sechs hungrige Katzen – bis eines Abends überhaupt keine mehr bettelte. Den Rolands war das ganze ein Rätsel, da sich in ihrer Umgebung nichts verändert hatte und sie doch konkurrenzlos üppig fütterten. Mrs. Roland stellte ein paar weitere Tage ihre Futtertöpfe hinaus und rief den Katzen – nichts. Da gab sie auf. Ich vermute, daß eine ansteckende Darmgrippe die Katzenkolonie hinweggerafft hat und die kranken Tiere im Wald in einem einsamen Schlupfwinkel starben. Doch erfuhren wir nichts Gewisses, da die Rolands nicht das Herz für ein genaues Durchsuchen der Gegend hatten. Ohne die Katzen fühlte sich das Ehepaar so vereinsamt, daß es das Haus verkaufte – problemlos natürlich.

15. Kapitel
Keine Regel ohne Ausnahme

Es gibt gewiß Ärzte, denen im Laufe der Jahre das einmal gewählte Fachgebiet verleidet; dazu gehöre ich aber bestimmt nicht, denn Katzen als Patienten sind immer für Überraschungen gut. Immer wieder wirft eine meine gesamten Erfahrungen über den Haufen.

Wenn Camuti klingelt, verschwinden alle Katzen unterm Bett – keine Ausnahme, so glaubte ich, kann diese Regel bestätigen. Und meine zweite Regel: Jede Katze löst sich nach der Behandlung in Luft auf, erschien mir ebenfalls von eherner Gültigkeit. Und doch haben ein Siamese und eine Schildpattperserkatze – Chiula und Barnabas – mich widerlegt.

Chiula gehörte einer ganz reizenden Dame, der Kinderbuchautorin May Lamberton Becker. Sooft ich am Morning Drive Visite machte, um nach Chiula oder den ihm zugesellten Katzendamen zu schauen, begrüßte mich der Kater bereits an der Türe. Er rieb seinen Kopf an meinem Hosenbein und geleitete mich freundlich schwatzend in die Wohnung. Und wenn ich mich um seine Frauen oder Kleinen kümmerte, trieb er sich aufmerksam in meiner Nähe herum. Kaum schoß mein Patient nach der Behandlung aus der Küche, setzte sich Chiula in Szene. Mauzend strich er um mich herum, warf sich dann auf den Rücken, bis ich endlich merkte, daß auch er untersucht werden wollte. Manchmal übersah ich ihn zum Spaß und packte mein Köfferchen. Begeistert spielte Chiula seinen Part weiter: Aufheulend wand er sich auf dem Boden und schnappte nach meinen Hosenbeinen. Nun wandte ich mich ihm mit viel Aufhebens zu, prüfte seine Ohren, klopfte die Brust ab und den Magen, während Chiula vor Zufriedenheit laut schnurrte. Danach stolzierte er mit vorgereckter Brust durch die Wohnung, als wollte er sagen: Seht, was ich ausgestanden habe! Seine rührende Freude war stets ein Lichtblick für mich. Chiula war nicht nur mein Paradepatient, sondern auch ein leidenschaftlicher Gatte und liebevoller Vater. Mrs. Becker hatte zu tun, um ihn mit Gespielinnen zu versorgen. Zuverlässig schwängerte er alle seine Frauen dreimal im Jahr, worauf sie nach drei Jahren total erschöpft waren und Mrs. Becker sich nach einer neuen Gefährtin für Chiula umsehen mußte.

Im allgemeinen interessieren sich Kater wenig für ihren Nachwuchs, da sie über den Trieb zur Paarung hinaus keinen Familieninstinkt besitzen. Die Aufzucht der Jungen wird ganz der Mutter überlassen.

Doch nicht so in Chiulas Familie. Er kümmerte sich mit Hingabe um seine Söhne und Töchter. Ich sah mit eigenen Augen, wie Chiula die Mutter aus dem Bettchen schob, wenn sie nach seiner Ansicht zu lange säugte. Dann nahm er ihren Platz ein in derselben Stellung. Sobald er seiner Verantwortung als Vater Genüge getan hatte, blickte er aufmunternd zur Mutter hinüber, sie möchte ihn wieder ablösen.

Ein einziges Mal versagte Chiula. Mrs. Becker sollte ihre Tochter in England just zu dem Zeitpunkt besuchen, da Chiulas derzeitige Favoritin Lucia Nachwuchs erwartete. Ich wollte mich der beiden annehmen und Lucia in meinem Tierspital Geburtshilfe leisten, wo ich sie in einem Käfig zu isolieren gedachte, da es häufig vorkommt, daß ein Kater seine Jungen tötet.

»Lassen Sie das doch bleiben«, meinte Mrs. Bekker, »es könnte Chiula verstimmen. Ich bin gewiß nicht hartherzig, aber lieber gebe ich die Jungen dran, als daß der Kater unglücklich ist.«

Ein Kater sollte sich wegen einer kurzen Abwesenheit seiner Kätzin aufregen? Das schien mir absurd. Als die Wehen einsetzten, verlegte ich darum Lucia in einen Einzelkäfig neben Chiula.

Chiula trat sofort in Hungerstreik, strich klagend in seinem Käfig auf und ab und versuchte, durch die Stäbe Lucia mit den Pfoten zu berühren.

Lucia warf unterdessen fünf gesunde Junge, denen sie sich voll und ganz widmete. Das steigerte Chiulas Verstörung, und er miaute Tag und Nacht. Als sein Elend auch nach acht Tagen nicht schwand, stimmte Lucia in sein Jammern ein. Wir litten alle, die großen Katzen, die Kleinen und ich. Mrs. Becker hatte recht gehabt. Chiula und Lucia brauchten einander. Das unaufhörliche Geschrei des Katers überzeugte mich, daß seine Aufnahme in Lucias Käfig den Kleinen nicht schaden könnte.

Die Wiedervereinigung wurde stürmisch gefeiert mit eifrigem Schnuppern, Lecken und viel Geschnurr. Sogar die Futterschüsseln fanden wieder einige Aufmerksamkeit.

Am nächsten Morgen waren die fünf Kleinen tot. Wer die Schuld trug – ob Chiula oder Lucia oder gar beide zusammen –, ließ sich nicht feststellen. Aber die großen Katzen schliefen zufrieden, eng aneinandergeschmiegt.

Bis heute frage ich mich, lag es an den getrennten Käfigen, an der fremden Umgebung meines Tierspitals, oder wußte Chiula – und vielleicht auch Lucia –, daß dieser Nachwuchs nicht lebensfähig war? Kein einziges seiner Jungen hatte Chiula bisher gefährdet, und alle späteren Würfe umsorgte er ebenfalls mit der väterlichen Anteilnahme, die er stets zeigte: in Mrs. Beckers Apartment.

Es scheint mir angemessen, zum Schluß noch Chiulas Ende festzuhalten. Während er sich mit seiner sechsten Frau paarte, kippte Chiula um und war tot.

Die Katze, die sich nach meiner Behandlung nicht in Luft auflöst, ist Barnabas, wie ich mit einigem Respekt vermelden muß. Er und seine Schwester Tulpe, zwei Schildpattperserkatzen, gehören Phyllis Levy. Da beide von klein auf an chronischer Bronchitis leiden, besuche ich sie dreimal in der Woche, um sie mit einer Spritze vor Asthma zu bewahren. Erwischt eines der beiden Tiere eine Erkältung, muß ich täglich kommen. Nach meiner ersten Untersuchung habe ich Phyllis geraten, die Katzen zurückzugeben, doch es war bei ihr Liebe auf den ersten Blick, und so schlagen wir uns eben durch, Jahr für Jahr.

Jede Visite spielt sich haargenau gleich ab. Sobald ich die Wohnung betrete, saust Tulpe unter den Kleiderschrank. Phyllis führt mich in die Küche und zerrt Tulpe unter dem Schrank hervor, die nach der Injektion wieder in ihrem Versteck verschwindet.

Barnabas hingegen erträgt die Spritze mit männlicher Fassung und steht nach einer Minute erneut vor mir, um mich – was sich keine andere Katze je getraut hat – aus der Wohnung zu werfen.

Nach der Behandlung trinke ich gewöhnlich eine Tasse Tee mit Phyllis. Dreimal in der Woche setzen wir uns an ihrem schönen alten Rektoriumstisch einander gegenüber, doch bevor wir zwei Schluck Tee getrunken haben, erscheint Barnabas und nimmt, uns den Rücken zukehrend, zwischen uns Platz. Mit ungeduldig zuckendem Schwanz starrt er zur Wohnungstüre. Dies ist das Zeichen für Phyllis und mich, unseren Tee hinunterzuschütten und eilig die wichtigsten Fragen und Ratschläge auszutauschen.

Nachdem sein aufforderndes Schwanzzucken mich nicht genügend beeindruckt, stellt sich Barnabas nach wenigen Minuten leise, doch unüberhörbar miauend vor mir auf. Phyllis und ich unterhalten uns mit erhobener Stimme weiter. Daraufhin jault der Kater aus Leibeskräften, während er immer erregter zwischen uns hin und her läuft, bis wir unser Gespräch aufgeben und ich mich verabschiede. Dreimal in der Woche, zweiundfünfzigmal im Jahr setzt Barnabas seinen Willen durch.

Übrigens: Barnabas heißt bei mir Bastardo. Wie er mich nennt, hat er nie verraten – mit einem Kosenamen bestimmt nicht.

16. Kapitel
Tricks und Kunststücke

Kaum eine Woche vergeht, in der mir nicht brieflich das wundervolle Kunststück irgendeiner Katze mitgeteilt wird. Und mindestens einmal im Monat möchte mir ein Klient seinen talentierten Liebling vorführen, ob ich will oder nicht. Dummerweise macht die Katze dann nie ihr Stücklein wie sonst immer, so daß ich bloß kostbare Zeit verliere.

Anders als Hunde kann man Katzen nämlich nicht dressieren, obwohl sie mehr als genug Grips dafür haben. Aber sie lassen sich einfach nicht herab, den Befehlen »Platz!« – »Mach bitte, bitte!« – »Spiel den toten Mann!« zu gehorchen. Sollen Hunde sich nach den sinnlosen Wünschen der Menschen richten, für eine Katze ist es unter ihrer Würde, außer sie verfolgt mit ihrer Fügsamkeit einen bestimmten Zweck.

Wenn auch Katzen sich nicht produzieren wollen, so gelingt es ihnen dafür um so besser, ihre Besitzer zu erziehen. Ein Zucken der Schwanzspitze heißt: »Folge mir«, sei es zur leeren Futterschüssel oder zum verschlossenen Gartentor, und ein zartes Miau, ein Lecken des Knöchels, das Umwerfen einer Flasche bedeuten: »Du Faulpelz, steh endlich auf, um mich zu füttern!« Und dann rühmen sich die Leute noch, was sie ihrer Katze alles beigebracht haben. Die weiß jedoch sehr wohl, wer der eigentliche Lehrmeister gewesen ist.

Aus Australien schrieb mir eine Farmersfrau: »Meine Katze hat gelernt, den Glockenzug neben der Haustüre zu ziehen. Sooft sie ins Haus will, klingelt sie. Wenn ich nicht schnell genug öffne, springt sie auf einen Schaukelstuhl, der dort steht, und bewegt ihn so wild hin und her, bis er donnernd an die Hauswand schlägt. Dieser Lärm läßt sich beim besten Willen nicht überhören.«

Nach dieser artistischen Leistung möchte ich von einem Kunststück aus Liebe berichten. Balaban – Marilyn und Hank Frankels Kater – war ein echter Gregory-Peck-Fan. Sobald sich Hank einen alten Film mit diesem Schauspieler im Fernsehen anschaute, jagte Balaban herbei und machte es sich auf dem Tisch vor der Mattscheibe bequem, so daß Hank das Bild verdeckt war und er die Szenen mit Gregory Peck nur akustisch verfolgen konnte. Sobald Balabans Idol abtrat, verschwand auch der Kater, um wie der Blitz erneut herbeizufegen, wenn er Pecks Stimme hörte. Lag es nun daran, daß Balaban über das Fan-Alter hinauswuchs, oder an seiner Kastration – kurz, heute bringt er kein Fünkchen Interesse mehr für Gregory Peck auf.

Auch Lily-Boy, die viele Leute zur Zirkuskatze hochlobten, war meiner Ansicht nach nicht dressiert, sondern aus Toleranz äußerst gefällig. Lily-Boy war der Sprößling von Findling, die, wie schon der Name sagt, herrenlos – und trächtig – gefunden wurde. Aus ihrem Wurf zog die Familie Prince nur ein Junges auf für ihr Töchterchen Judy Lynn, das sich schon immer eine eigene Katze gewünscht hatte. Judy Lynn taufte den rabenschwarzen Winzling Lily, für das Mädchen der schönste Katzenname der Welt. Als sich herausstellte, daß Lily ein Kater war, hängte man einfach Boy an.

Die beiden klebten wie Pech und Schwefel aneinander. Jeden Morgen wurde Lily-Boy in Puppenkleider gesteckt und auf dem Hof im Puppenwagen spazierengefahren. Zu aller Überraschung hat sich die Katze nie gewehrt. Im Gegenteil, stolz thronte sie mit Hut und Kleid in ihrem Gefährt. Lily-Boy besuchte mit Judy Lynn auch Einladungen zum Tee bei anderen Kindern. Das Mädchen setzte ihren Kater auf einen Stuhl am Teetisch, wo er so wohlerzogen wie die anderen Gäste sitzenblieb. Nur wenn er sich vorbeugte und die Milch aus dem Unterteller schleckte, durchbrach Lily-Boy die Regeln der Etikette.

War nun einem Kind geglückt, wobei alle Erwachsenen scheitern: eine Katze zu dressieren? Nein, nein – ich glaube, Lily-Boy hatte seinen Spaß an der Sache und ließ sich eben gern mit leckeren Häppchen verwöhnen.

Bei gründlichem Nachdenken fällt mir doch eine dressierte Katze ein, die einzige in meiner jahrzehntelangen Praxis: die Siamkätzin Beebe. Sie gehörte einem in den Zwanziger und Dreißiger Jahren sehr beliebten Schauspielerehepaar, das kaum je zusammen auftrat, so daß ich bei meinen Visiten entweder den einen oder den anderen antraf. War Mr. Larimore zu Hause, seufzte ich abgrundtief, weil ich schon wußte, was meiner wartete: »Die große Show eines der raren

Dressurgenies der Katzengeschichte.« Sie langweilte mich schrecklich, da ich schon mehr als zwölfmal den bewundernden Zuschauer gemimt hatte, doch das störte Earle Larimore nicht.

Entweder am Anfang oder am Ende meines Besuches fragte er mich: »Herr Dr. Camuti, möchten Sie nicht das Stubsspiel sehen?«

Es war mir bereits derart verleidet, daß ich ehrlich bekannte: »Sie haben die Nummer doch schon hundertmal vorgeführt.«

Er überhörte meinen Einwurf großzügig und rief: »Gut, wir fangen an. Auf die Plätze, los!«

Beebe postierte sich in der einen Zimmerecke, Earle Larimore in der entgegengesetzten. »Stubsen wir«, sagte er zu der Katze, die auf dieses Stichwort hin ihn so vorsichtig anpirschte wie im Wald einen Vogel. Earle Larimore schlich auf allen vieren ebenfalls auf sie zu. Während die beiden langsam, langsam aufeinander zukrochen, schielte ich mehrfach auf meine Uhr und klopfte nervös mit der Schuhspitze auf den Boden. Dieser Mann hier, der in seinen teuren Hosen wie ein Narr vor mir herumalberte, hatte bei der Uraufführung von Eugene O'Neills Stücken mitgespielt – das mußte ich mir immer wieder ins Gedächtnis rufen.

Endlich begegneten sich Beebe und Earle Larimore in der Zimmermitte, schauten einander an und stubsten die Köpfe zusammen.

Ich blieb sitzen, denn die Show war noch nicht zu Ende, obwohl Earle Larimore aufstand und die Hose sauberbürstete. Er rief nämlich: »Beebe, auf nach Hollywood!« Sofort rollte sich die Siamkätzin auf den Rücken und strampelte bizarr mit den Beinen. Über die Phantasieorgie dieser würdevollen Katzendame mußte ich allerdings jedesmal schallend lachen. Dann formte Earle Larimore mit seinen beiden Armen einen Kreis, Beebe nahm mit gesenktem Kopf einen Anlauf und sprang durch den »Reif«. Die beiden hätten ohne weiteres beim Zirkus unterkommen können, falls Earle Larimore beim Theater einmal ohne Engagement geblieben wäre.

Natürlich hätte der Schauspieler noch andere Katzen dressieren müssen, um mir zu beweisen, daß er als Katzendompteur magische Kräfte besaß. Nachdem er das bleiben ließ, glaube ich eher, daß er auf die richtige Schülerin getroffen war, auf Beebe mit ihrem Talent zur Schmierenkomödiantin.

Joe Fleming, die grau-weiß gestreifte kurzhaarige Hauskatze, kennen Sie bereits: Diesen Kater sperrten Tom und Alice Fleming mit einer Maus im Schrank ein und ließen dann beide unverändert gesund und munter wieder heraus. Doch in jüngeren Jahren war Joe ein hervorragender Athlet und bundesligareifer Fußballspieler in dem New Yorker Apartment der Flemings.

Joes Leidenschaft für das Ballspiel erwachte, als die drei Söhne in dem langen Korridor zwischen Wohn- und Schlafzimmer herumkickten. Bald wurde aus dem Drei-Mann-Geplänkel ein Spiel mit zwei Mannschaften, da Joe begeistert mitmachte.

Die Buben zogen sich mit dem Ball ins Wohnzimmer zurück, und Joe bezog auf ihren Zuruf hin seinen Posten vor dem »Tor«, der offenen Schlafzimmertüre. Dann schmetterte einer: »Konter«, Joe ging in Verteidigungsposition mit zitternden Hinterbeinen und gesenktem Vorderteil, die gegnerische Mannschaft stürmte, und Joe griff den im Ballbesitz befindlichen Spieler mit dem meisterlichen Geschick eines Klassetorwarts an. Der Spieler stürzte zu Boden – das gehörte dazu, denn Joe krallte sich am Bubenbein fest – und brüllte: »Du hast mich gestoppt, du hast mich gestoppt!« Erst dann ließ Joe los.

Die Buben stellten sich im Wohnzimmer zum nächsten Angriff auf, Joe hütete erneut das Tor, und los ging's. Joe hielt seinen Kasten sauber – keiner der Jungen hat je ein Tor geschossen. Und nach einer Stunde waren die Kinder erschöpft, aber nicht Joe, der stets als letzter das Spielfeld verließ.

Aus den Kindern wurden Männer, die aus dem Elternhaus ausgezogen sind. Auch an Joe gingen die Jahre nicht spurlos vorüber, und er erinnert sich wehmütig an die alten Fußballzeiten. Ab und zu stürzt er noch aus seinem »Tor« und macht eine Parade – umsonst, denn es ist bloß Alice, die mit vollem Einkaufsnetz den Flur entlang kommt. Es ist das Schicksal eines jeden Profis, im Alter nicht mehr gebraucht zu werden.

17. Kapitel
Katzenallerlei

Sage mir, mit wem du umgehst, und ich sage dir, wer du bist! Ob das Sprichwort stimmt?

Bei Florence Piper war die Katze, ein Seal-Point-Siamese, weit bemerkenswerter als die nette und unauffällige Herrin, die gleichwohl zu meinen liebsten Klienten gehörte, während Kater Linn ein absolutes Ekel war. Er haßte alles und jedes auf Gottes Erdboden, mich – und manchmal sogar Miß Piper – mit eingeschlossen. Warum nur hauste Miß Piper mit einer solch gräßlichen Bestie zusammen?

Es gibt eine Antwort: aus Liebe. Meine Klientin hatte Linn als junges Kätzchen Leuten abgekauft, von denen es offenbar schwer mißhandelt worden war. In seinem neuen Heim in Flushing wurde der Kater mit Liebe überschüttet, aber sie reichte nicht aus, die tiefen Wunden seiner Seele zu heilen. Als Linn groß geworden war und unvermindert tückisch blieb, hing Miß Piper zu sehr an ihm, um ihn wegzugeben. So lebte sie mit einem Tier zusammen, das sich von niemandem streicheln ließ, selbst von seiner Besitzerin nur selten.

Miß Piper konnte ihre Katze nicht in den Hof hinauslassen, da sie auf keinen Zuruf hörte. Um ihr frische Luft zu gönnen, ging meine Klientin mit Linn spazieren, wobei sie ihm Halsband und Halfter anzog und ihn an zwei Leinen fest führte, denn es gab ein Riesenspektakel, sobald dem Kater irgend jemand – Katze, Hund oder Mensch – über den Weg lief. So fanden die Ausflüge, die Linn sehr genoß, stets spät in der Nacht statt. Wenn Miß Piper Gäste erwartete, mußte sie ihren Kater im Keller einschließen. Das haßte er gründlich, obwohl es dort viel Platz zum Spielen gab. Linn klebte auf der obersten Treppenstufe direkt hinter der Türe und knurrte und fauchte, bis der letzte Gast sich verabschiedet hatte. Klaglos fügte sich Florence Piper diesen Ansprüchen.

Es war eine schwerwiegende Unterlassungssünde, als Miß Pipers Schwager ohne Voranmeldung zu Besuch kam. Da Linn im ersten Stock schlief, argwöhnte Miß Piper nichts Böses, während sie in der Küche Tee zubereitete. Unterdessen wachte der Kater auf und betrat auf leisen Sohlen das Wohnzimmer. Sowie er den Mann erblickte, sprang er ihm an die Kehle. Nur mit vereinten Kräften gelang es Miß Piper und ihrem Schwager, die sich festkrallende Katze wegzureißen. Ein zerfetztes Hemd und tiefe Kratzwunden an Brust, Hals und Gesicht bewiesen Linns giftiges Temperament.

Natürlich war der wilde Kater weit herum berüchtigt. Der Fensterputzer fürchtete sich derart – freilich nicht nur vor Linn, sondern vor allen Katzen –, daß er sich mehrfach telefonisch ansagte, damit Miß Piper ihren Kater rechtzeitig hinter Schloß und Riegel setzte. Doch einmal blieb die Kellertüre angelehnt, so daß Linn sie öffnen konnte. Wie der Mann später erklärte: »Es war richtig unheimlich. Plötzlich habe ich gespürt, daß die Katze ins Wohnzimmer kam.«

Der Fensterputzer drehte sich um und erschrak zu Tode. Linn pirschte sich mit zurückgelegten Ohren, den Körper dicht am Boden, an ihn heran. Der Schwanz zuckte langsam hin und her. Als der Kater mit bebendem Hinterteil zum Sprung ansetzte, sah der Fensterputzer nur einen Fluchtweg, den er unverweilt einschlug: Er stürzte sich kopfvoran durch die soeben gereinigte Scheibe. Das Splittern des Glases und das Krachen des hölzernen Fensterrahmens riefen Miß Piper auf den Plan. Welch ein Glück, daß der Mann im Parterre gearbeitet hatte! Er blutete so heftig, daß er mit dem Krankenwagen ins Spital gefahren werden mußte, wo man die Schnittwunden am Hals nähte. Während seiner Genesung besuchte ihn Miß Piper häufig und versicherte jedesmal, wie sehr ihr dieser Vorfall leid tue. Obwohl er über eine Woche zu Bett lag, meinte der Mann: »Alles nicht so schlimm. Hauptsache, die Katze hat mich nicht erwischt.«

Auch ich machte meine Erfahrungen mit Linn, obwohl Miß Piper mit mir zusammen eine – wie uns schien – sichere Methode für meine Besuche ausgearbeitet hatte. Ungefähr eine Stunde vor meiner Ankunft kündigte ich mich an, worauf der Kater mit einem Nembutal sanft betäubt wurde. Er schluckte die Tablette ohne großen Widerstand und schlief fest, wenn ich klingelte.

Doch einmal hielt Linn uns beide zum Narren. Wie immer fragte ich vor der Behandlung: »Schläft er?«, und Miß Piper antwortete: »Ja.« Dabei hatte der Kater die Tablette nicht hinuntergeschluckt, sondern unter der Zunge versteckt, bevor er sich zu einem ganz gewöhnlichen Katzenschlummer hinlegte. Ahnungslos betrat ich das untere Schlafzimmer und wollte Linn eben aufheben, als der Kater die Augen öffnete und mich anfunkelte. Mir war seine Absicht klar: Blitzschnell flüchtete ich durch die Tür und schmetterte sie zu, solange sich das Tier noch mitten im Sprung befand. Kopfvoran donnerte Linn dagegen.

Hinter der geschlossenen Türe blieb ich nicht stehen: Sie bot mir keinen ausreichenden Schutz vor der rasenden Wut meines Patienten. Mit Angstschweiß auf der Stirn und klopfendem Herzen rannte ich durch den Flur, rutschte auf einem Flickenteppich aus und stürzte, wobei ich mit dem Kopf an ein Tischbein schlug. Bewußtlos blieb ich liegen.

An diesem Abend wurde Linn nicht mehr ärztlich betreut.

Später erkrankte der Kater an einer immer neu aufflackernden Blaseninfektion, die zur Folge hatte, daß ich oft wochenlang jeden zweiten Abend seinen Bauch massierte, um den aufgestauten Urin herauszupressen. Fünf Jahre lang kümmerte ich mich um ihn, und bei keiner einzigen Visite zeigte Linn einen Funken Dankbarkeit für meine Bemühungen, seine Schmerzen zu lindern. Ich musterte ihn jedesmal mit einem Blick: Wer hält länger durch, ich oder du? Zum Glück bin ich es gewesen.

Obwohl man von den Toten nur Gutes reden soll – zu Linn fällt mir absolut nichts ein, ausgenommen Miß Pipers selbstlose Liebe, die sie diesem Ekel schenkte. Immerhin.

Und noch etwas: Linn saß gerne auf dem Sims, um durch das Wohnzimmerfenster die Leute auf der Straße zu beobachten, vor allem Schulkinder, die er mit so lautem Knurren und Fauchen begleitete, daß man es durch die Scheibe hören konnte. Mit der Zeit benutzte niemand mehr den Bürgersteig vor Miß Pipers Haus, und als Einbrecher sämtliche Häuser der Nachbarschaft ausraubten, blieb Linns Heim verschont: Sein Ruf – oder imponierte sein Fauchen am Fenster? – genügte zur Abschreckung: Linns gute Tat wider Willen.

Bei meiner ersten Visite wirkten die Hartmans mit ihren beiden Katzen Mutt und Jeff wie eine harmonische Familie. Doch allmählich verlor Mrs. Hartman ihren Charme, und es empfing mich eine depressive, verzweifelte Frau. Als Mr. Hartman an einem Abend nicht zu Hause war, erzählte sie mir nach der Behandlung ihrer Katzen, sie wisse genau, daß ihr Mann bei einer anderen Frau sei. Da ich nicht in etwas hineingezogen werden wollte, was mich überhaupt nichts anging, fragte ich bloß: »Woraus schließen Sie das?«

Sie stammelte: »Das fühle ich ganz deutlich.« Diese Aussage besaß für mich wenig Beweiskraft, darum vergaß ich sofort alles. Ihre Ängste mochten Ausdruck anderer Probleme sein.

Doch ich hatte die Depression der armen Frau unterschätzt. Plötzlich stand in der Zeitung, daß Mrs. Hartman Selbstmord verübt hatte, indem sie den Kopf in den Backofen schob und den Gashahn öffnete. Vor dem ausströmenden Gas flüchteten die Katzen ins Schlafzimmer, und mit ihrem unverdorbenen Instinkt entdeckten sie die Chance zu überleben: Sie verkrochen sich unter einer Spiegelkommode, wo sich eine Luftblase gebildet hatte. Als Lily, die Zugehfrau der Hartmans, am nächsten Morgen klingelte, erfolgte durch den elektrischen Funken der Türglocke eine solch heftige Explosion, daß eine Küchenwand einstürzte. Mutt und Jeff überstanden auch dies, aber bei den Wasserbächen, welche die Feuerwehr über das Apartment schüttete, holten sie sich eine Bronchitis. Mr. Hartman bat mich, die beiden zu kurieren.

Nach wenigen Wochen schaute ich vorbei, ob meine Therapie auch angeschlagen habe. Mr. Hartman war erschöpft und nervös. Geistesabwesend langte er nach meiner Zigarre, die ich auf den Aschenbecher gelegt hatte, und rauchte einige Züge. Das Zimmer schmückten mehrere Blumensträuße, wie ich annahm, Geschenke von Freunden, die ihre Anteilnahme bekundeten. Ich suchte krampfhaft nach ein paar tröstenden Worten, erfolglos. Tränen stiegen Mr. Hartman in die Augen, und er seufzte wiederholt: »Meine gute Frau, ach, meine gute Frau!«

Ich wartete, bis er sich ein wenig gefaßt hatte. Da hörte ich, wie im Nebenzimmer sich jemand bewegte. Erfreulich, dachte ich, daß Lily nach der Explosion nicht gekündigt hat, sondern sich ein bißchen um diesen gebrochenen Mann kümmert, den darf man jetzt nicht allein lassen.

Endlich raffte er sich auf. »Entschuldigen Sie mich, Herr Doktor«, sagte er. »Ich möchte Ihnen gern jemand vorstellen.«

Er wandte den Kopf zum Nebenzimmer und rief: »Liebes, kannst du einen Augenblick herüberkommen?«

Das konnte wohl nicht Lily gelten! Es lief mir eiskalt den Rücken runter: Mr. Hartman war übergeschnappt und glaubte, die Verstorbene befinde sich nebenan.

Zu meinem Erstaunen betrat eine entzückende junge Dame das Zimmer, und Mr. Hartman erhob sich: »Herr Dr. Camuti, darf ich Sie mit meiner Frau bekannt machen?«

Ich war wie vom Donner gerührt. Die erste Mrs. Hartman hatte sich doch nicht getäuscht.

Mrs. Thorndyke lebte mit ihren beiden kurzhaarigen Hauskatzen in einer Wohnung am Central Park. Sie war als eine vorzügliche Gastgeberin bekannt, und ich wunderte mich nicht weiter, als ich bei einer Visite im Eßzimmer einen – wie mir schien für eine Kindereinladung – liebevoll gedeckten Tisch sah. Mrs. Thorndyke, die mich zu meinem Patienten in die Küche führte, bemerkte meinen Blick. »Wir machen eine Geburtstagsparty«, erklärte sie.

»Gewiß für Ihre Enkelin?«

Sie schüttelte den Kopf. »Für die Katzen«, sagte sie. »Ich kann ihr Geburtsdatum nie behalten, darum gibt es eben einmal im Jahr eine Party für beide.«

Vier Gedecke lagen auf dem Tisch – da brauchte es keine übernatürlichen Kräfte, um die zwei übrigen Teilnehmer zu erraten. Und richtig, nach der Behandlung führte mich meine Klientin zurück ins Eßzimmer.

»Nehmen Sie doch bitte Platz«, bat sie, »dort liegt Ihr Tischkärtchen. Schließlich sind Sie der Hausarzt der Katzen. Wenn einer dazu gehört, dann sind Sie es.«

Warum nicht? dachte ich. Eine Pause würde mir guttun.

Ich setzte mich auf den mir zugewiesenen Stuhl, während Mrs. Thorndyke hinter den beiden Geburtstagskindern herjagte. Die eine Mieze, der ich eben eine Spritze verpaßt hatte, verspürte keine Lust, mit mir zu feiern, und die andere, voll ängstlicher Ungewißheit, was ich wohl für sie in petto hielt, versteckte sich. Sooft Mrs. Thorndyke eines der Tiere anschleppte und auf seinen Stuhl drückte, sprang es wieder herunter, kaum hatte sie losgelassen.

Schließlich saßen Mrs. Thorndyke und ich uns gegenüber, löffelten zerlaufenes Eis und schauten zu, wie das Kerzenwachs auf den Geburtstagskuchen tropfte. Die Gastgeberin entschuldigte sich überschwenglich, doch ich winkte ab. »Ich freue mich schon auf die Feier im nächsten Jahr«, versicherte ich.

Im Gegensatz zu Mrs. Thorndyke hatte mich der Verlauf der Party überhaupt nicht überrascht, aber das verriet ich ihr nicht. Ich habe Dutzende von Katzenpartys besucht, und höchst selten entschloß sich eine Katze zum Mitmachen. Überdies wurde ich auch zu Katzenhochzeiten und Katzenbeerdigungen gebeten und einmal sogar zu der Bar-Mizwa eines Katers.

Dr. und Dr. Katz – ein jüdisches Ehepaar, beide Ärzte, darum mein Spitzname – wollten wissen, wie sie das Alter ihrer Katze berechnen sollten. »Da die durchschnittliche Lebenserwartung eines Menschen fünfundsiebzig Jahre beträgt, die einer Katze hingegen fünfzehn, können Sie nach meiner Ansicht ein Kalenderjahr mit fünf Katzenjahren gleichsetzen«, erläuterte ich.

Zwei Jahre nachdem ich den Kater im Alter von sechs Monaten kastriert hatte, rief mich Frau Dr. Katz an: Es sei an der Zeit, Harrys Bar-Mizwa zu feiern, ob sie mich dazu einladen dürfe? Das Fest des mündig gewordenen Knaben, d. h. Katers, war für mich eine neue Erfahrung, ich nahm die Einladung dankend an.

Bar-Mizwas bieten nicht viel: Wir saßen zusammen um den Tisch und trugen die üblichen Mützchen, doch der Bar-Mizwa-Jüngling blieb unsichtbar. Nachdem wir ein Glas Wein getrunken hatten, verabschiedete ich mich.

Manchmal wundere ich mich, wie anscheinend biedere Bürger mich Freunden empfehlen können, die offensichtlich nicht voll bei Sinnen sind. Ein langjähriger, gediegener Klient von mir hatte mich weitervermittelt. Ich erinnere mich, wie ich die vornehme Adresse aufsuchte und an der Haustüre von einem japanischen Boy empfangen wurde. Die mächtige Eingangshalle beeindruckte mich. Der Boy führte mich ins Wohnzimmer, wo mein neuer Klient pudelnackt am Flügel hockte, nur mit einem Schiffchen auf dem Kopf. Der Mann spielte ununterbrochen weiter, obwohl ich mich mit ihm über die Krankheit seiner Katze unterhalten wollte. Mich störte weniger, daß er nackt war, als das ächerliche Schiffchen auf seinem Wuschelhaar, und mit dieser Kopfbedeckung fand ich mich eher ab als mit seinem Klavierspiel, das er für seine Katze nicht zu unterbrechen beliebte. Ich verschwand grußlos.

Barbara Baxley bereitete sich 1949 auf eine einjährige Tournee vor – sie sollte mit Tallulah Bankhead und Donald Cook in Noel Cowards »Intimitäten« auftreten –, als ein Freund mit einem grauweißen Kätzchen auftauchte, das aus einem Mülleimer stammte. Barbara verliebte sich sofort in das Tier und behielt es bei sich, obwohl der Zeitpunkt wahrhaftig nicht günstig war. Sie taufte die Katze Tula nach Miß Bankhead, ein Kater hätte Mr. Cook zu Ehren Donald geheißen.

Da die Schauspielerin ihre Tula – Sie erinnern sich an die herrische Katze aus früheren Kapiteln? – nicht zurücklassen wollte, nahm sie die Kleine kurzerhand mit.

Zum Glück zeigte Tula im Zug tadellose Manieren, doch im Hotel gab es Schwierigkeiten wegen des allgemeinen Verbots, Tiere auf die Zimmer mitzunehmen. So mußte Tulas Existenz geheim bleiben, und die Schauspielerin gab bei einem längeren Aufenthalt ein Vermögen aus, um Zimmermädchen und Kellner zu bestechen. Ein schier unlösbares Problem war Tulas Klo. Bislang hatte Barbara ihre Miezen immer ins Freie gelassen, darum besaß sie mit einer Zimmerkatze keine Erfahrung. Sie kam nicht auf die Idee, daß man Tula an Schnitzel aus Zeitungspapier oder käufliche Einstreumittel gewöhnen könnte, sondern behalf sich, so gut es ging: In der Empfangshalle stibitzte Barbara aus den Stehaschenbechern vor dem Lift den benötigten Sand.

In einem Hotel regte sich die Direktion maßlos auf, weil in jedem Stock aus allen Aschenbechern neben den Lifttüren der Sand verschwand. Das Personal wurde verhört, und ein Zimmermädchen packte aus, trotz Barbaras üppigem Trinkgeld. Von dem erzürnten Direktor zur Rede gestellt, bekannte die Schauspielerin sich schuldig – und zog sofort um in ein anderes Hotel.

Nach ihrer Rückkehr – Tula war unterdessen von mir kastriert worden – erzählte Barbara ihre Abenteuer und bat um Rat: »Was soll ich bloß machen, um weiterhin mit Tula zu reisen?«

»Die Katze muß lernen, die Badewanne als Klo zu benutzen«, schlug ich vor. Erst streuten wir Zeitungsschnitzel in die Wanne statt in eine Toilettenschale. Tula, eine höchst gelehrige Schülerin, begriff rasch und verrichtete sehr bald ihr Geschäft ausschließlich am gewünschten Ort. Und sie blieb dabei, auch als wir die Papierschnipsel wegließen. Ausgerüstet mit einem Schäufelchen – um den Stuhl in der Toilette zu versenken – und einer Dose Scheuerpulver konnte nun Barbara mit Tula in jedem Hotel wohnen, ohne unliebsam aufzufallen.

Hatte ich Barbara aus ihren Nöten geholfen, so verdanke ich wiederum ihr einen nützlichen Tip: Man kann in dringenden Fällen auch mit Gin desinfizieren! Das war 1953 vor einer Nachmittagsvorstellung, als Barbara in Tennessee Williams' »Camino Real« spielte.

Tula hatte sich zu einem mächtigen Brocken entwickelt und litt an einer chronischen Blasen-Nieren-Entzündung, die immer neu aufflammte. So auch vor jener Nachmittagsvorstellung, als Barbara mich anrief, die Katze liege verdächtig still da und fühle sich heiß an.

Da die Schauspielerin gleich ins Theater fahren mußte, vereinbarten wir als Treffpunkt ihre Garderobe, wo ich Tula behandeln wollte. Am Bühneneingang sagte ich dem Portier, Miß Baxley habe mich bestellt, es eile. Er warf nur einen Blick auf mein Arztköfferchen und führte mich beflissen hinter die Bühne. Tula lag auf Barbaras Toilettentisch, schlapp wie eine alte Pelzboa. Sie war kränker, als ich erwartete. Nicht einmal als sie mich sah, Camuti, den Erzfeind aller Katzen, regte sie sich, obwohl sie sonst wie aus der Kanone geschossen davonbrauste.

Nach einer kurzen Untersuchung wandte ich mich an Barbara: »Ich weiß nicht, ob . . .«

Sie hatte Tränen in den Augen, dennoch straffte sie die Schultern und sagte erhobenen Kopfes mit aller Überzeugung: »Sprechen Sie es nicht aus. Geben Sie ihr die Spritzen, die sie braucht, und sie wird gesund werden.«

Die Injektion war lebensrettend. »Wo gibt es kochendes Wasser, um die Nadel zu sterilisieren?« fragte ich Barbara. Sie schickte mich zum Requisiteur. »Ich bin Dr. Camuti«, erklärte ich ihm. »Miß Baxley meint, Sie könnten mir kochendes Wasser verschaffen. Aber bitte schnell, es handelt sich um eine Injektion.«

Er drückte mir eine Kochplatte und einen leeren Kaffeetopf in die Hand. In Barbaras Garderobe kochten wir erst den Kaffeetopf keimfrei, leerten das Wasser aus, füllten frisches nach und sterilisierten die Nadel.

Da fiel mir ein, daß wir ja noch Alkohol brauchten, um Tulas Hinterteil zu desinfizieren. Natürlich war keiner vorhanden. »Und Schnaps? Der tut's auch.«

Barbara knickte zusammen. Sie hatte sich nicht darum gekümmert, obwohl sie Freunden, die sie nach der Vorstellung erwartete, etwas anbieten wollte. »Aber Jo Van Fleet hat bestimmt was. Meine Kollegin ist eine viel bessere Gastgeberin als ich.« Barbara verschwand in der Garderobe nebenan und kehrte mit einer Flasche Gin zurück. Damit war Tulas medizinische Betreuung gesichert. Nach der Vorstellung – ich machte noch eine Visite in Barbaras Apartment – wirkte Tula bereits munterer. »Sie ist doch ein braves Tier«, sagte ich zu Barbara, »sie rappelt sich wieder.« »Rappelt sich wieder? Tula wird kerngesund«, schmetterte Barbara mit Bühnenstimme. Das schaffte die Katze allerdings nicht, aber sie erholte sich von diesem Anfall, und ich hatte gelernt: Notfalls desinfiziert auch Gin.

Der letzte Akt dieses Dramas spielte im Theater, als der Requisiteur sich bei Barbara besorgt nach ihrer Gesundheit erkundigte.

»Mir geht's blendend«, sagte Barbara.

»Und der Arzt? Die Injektion?«

»Ach so, meine Katze war krank.«

»Ihre Katze? Da habe ich den ganzen Betrieb aufgehalten, bloß um eine Kochplatte für eine Katze zu besorgen?«

»Sie glauben doch nicht etwa, daß ich Ihnen all die Mühe für mich zugemutet hätte? Nicht um die Welt!«

Zu meinen Klienten gehören außer Schauspielern noch andere New Yorker Berühmtheiten. So auch Mrs. Elling, die in ihrer Galerie extravagante moderne Kunst ausstellte. Ihre Katze, Buster, hingegen war kein bißchen extravagant, sondern zeigte ein gewöhnliches graues Tigerstreifenmuster. Doch ich sollte meine Meinung ändern.

Buster entpuppte sich nämlich als der Beau Brummell der Katzenwelt! Mrs. Elling hatte mich nach einer Visite ganz nüchtern gefragt: »Möchten Sie einmal Busters Ankleidezimmer sehen?«

»Was?« Ich traute meinen Ohren nicht.

»Sein Ankleidezimmer. Kommen Sie.«

Mrs. Elling führte mich durch ihr geschmackvoll und teuer eingerichtetes Stadthaus in den dritten Stock, wo am Ende des Flurs ein schlichteres Zimmer lag. Aus einem riesigen französischen Kleiderschrank holte sie Busters winzige Garderobe hervor. »Hübsche Stücke, finden Sie nicht auch? Hier pflegt er sich umzuziehen. Und das ist sein Ankleidezimmer.«

Die Frau ist übergeschnappt, schoß es mir durch den Kopf. Doch Mrs. Elling wirkte so natürlich und unbefangen, daß ich diesen Gedanken sofort aufgab. Wenn sie ihre Katze in zweireihige Anzüge stecken wollte – bitte sehr, wen kümmert das?

»Also hier zieht er sich an?« fragte ich voll ratlosem Staunen.

»Er doch nicht, was denken Sie! Ich mache das oder das Mädchen, wenn ich abgehalten werde.«

Ich prüfte Mrs. Ellings Gesichtsausdruck: Wollte die Dame mich etwa für dumm verkaufen? Nein, bestimmt nicht. »Aber . . . hm . . . er war doch gar nicht angekleidet, als ich ihn eben behandelt habe.« Sie schaute mich an, als stünde ein Idiot vor ihr. »Nein, warum denn auch. Er geht ja nicht aus.«

Sie breitete die gesamte Katzengarderobe vor mir aus: Sportsakkos, Smoking, Anzüge mit Weste – und alle Stücke waren tadellos gearbeitet vom Knopfloch bis zum Rockaufschlag.

»Unglaublich«, sagte ich, »wie beim Maßschneider bestellt.«

»Sie treffen den Nagel auf den Kopf«, sagte sie in schneidendem Ton. »Sonst kommt er doch nicht anständig daher.«

Und zuletzt erzähle ich Ihnen die Geschichte von zwei warmherzigen Katzenfreundinnen, die ein ganz besonderes Bäumchen-wechsel-dich-Spielchen miteinander trieben. Es flog nach Jahren auf, durch meine Schuld, weil ich mich weigerte, ein doppeltes Arzthonorar einzustreichen.

Die beiden Damen lebten im Norden New Yorks, in Mount Kisco, aber am entgegengesetzten Ende. Ob sie einander persönlich kannten? Ich will es nicht beschwören, doch die eine wußte von der anderen, denn sowohl Miß Tibbetts, Diätspezialistin am Mount-Kisco-Hospital, als auch Mrs. Gibson, eine Hausfrau, hielten in der Wohnung ihre eigenen Katzen und beherbergten in Käfigen auf dem Hof die aufgelesenen Streuner, bis sich ein gutes Plätzchen für sie fand. Waren die Käfige der einen Wohltäterin überfüllt, so fuhr sie heimlich mitten in der Nacht quer durch Mount Kisco und setzte ein oder zwei überzählige Katzen im Hof der gleichgesinnten Betreuerin aus. Diese steckte die neu entdeckten Vagabunden in ihre Käfige, bis sie überfüllt waren und durch eine nächtliche Expedition in umgekehrter Richtung Platz geschaffen wurde.

Ohne daß Miß Tibbetts und Mrs. Gibson es ahnten, suchten sie denselben Katzendoktor auf, nämlich mich – und dadurch kam ihre List ans Licht. Eines Tages brachte mir Mrs. Gibson ein niedliches orangefarbenes Tigerkätzchen zur Untersuchung. Die Kleine bezauberte mich auf Anhieb; sie war kerngesund bis auf eine harmlose Ohrräude, die Mrs. Gibson nach meinen Anweisungen behandeln sollte. »Könnten Sie meinen Schützling nicht unterbringen?« fragte die Dame mich zum Schluß.

Leider, leider ist es einfacher, kleine Kätzchen zu lieben als unterzubringen – ich erhielt lauter Absagen, was ich Mrs. Gibson ungefähr eine Woche darauf telefonisch mitteilte.

»Was soll ich bloß machen?« jammerte sie. »Ich habe doch keinen Platz für das Findelkind.«

»Ich höre mich gerne weiterhin um, aber erwarten Sie nicht zuviel von mir.«

Am nächsten Morgen rief Miß Tibbetts an: Sie suche ein Heim für ein orangefarbenes Miezchen, das sie auf der Treppe zum Hintergang ihres Hauses aufgelesen hatte. Da funkte es bei mir, und ich bat sie, mit der Katze in meine Praxis zu kommen.

Natürlich war es Mrs. Gibsons Ex-Schützling! Miß Tibbetts sagte: »Das ist doch ein Schatz, nicht wahr, Herr Doktor Camuti? Sie finden bestimmt eine liebe Familie, die den Racker aufnimmt. Und da ich schon da bin, schauen Sie bitte nach, ob das Tierchen gesund ist.«

»Keine Sorge, dem fehlt nichts«, entgegnete ich. Ich erklärte ihr dann, wieso ich Bescheid wußte. Zu meiner Überraschung ärgerte sich Miß Tibbetts nicht im geringsten über Mrs. Gibsons Treiben, im Gegenteil, sie lachte herzlich. Und sie gestand mir, daß sie schließlich jahrelang ihre überzähligen Katzen zu Mrs. Gibson gekarrt hatte.

Nachdem das Spielchen aufgeflogen war, blieben

beide Damen nachts brav zu Hause, und ich hätte mir die Zunge abbeißen mögen, daß ich den »Katzenschabernack« – so nannte ich ihren Tiertransport – verraten hatte. Zugegeben, die Katzenfindlinge in Mount Kisco reisten nachts lebhaft hin und her, aber bei der Ankunft erwartete sie ein Schlafplätzchen, nahrhaftes Futter und fürsorgliche Liebe.

18. Kapitel
Letzte Stunden, letzte Ehren

Die Tage des Menschen sind gezählt - und auch die einer Katze. Wenn ich auf mein langes Leben zurückblicke, so sind viele Todesfälle - von Mensch und Tier - hineinverwoben, und ich weiß, für das tiefe Leid der Zurückgebliebenen gibt es kein Maß. Man soll nicht glauben, daß der Tod eines Menschen schmerzlicher empfunden wird als der Verlust einer Katze - Liebe ist unabhängig von der biologischen Entwicklungsstufe. Wer trauert aufrichtiger um einen gleichgültigen Onkel als um seinen zärtlichen vierbeinigen Hausgenossen?

Kaum einer.

Katzenfreunde werden gewiß verstehen, wie ich das meine. Häufig muß ich als Veterinär einen Klienten darauf hinweisen, daß die Lebensuhr seiner Katze abgelaufen ist. Das Einschläfern stellt keinen Tierarzt vor medizinische Probleme, aber - ich gestehe das - ich fühle mich jedesmal bedrückt. Da gibt es stets diesen Moment, wo man die Spritze bereithält und der Katze in die Augen blickt mit dem Wissen, daß wir sie jetzt für ewig schließen. Ein sehr schwerer Moment für mich. Ich sage mir, daß ich ja nicht wie Gott über Leben und Tod entscheide, sondern als Arzt eine Katze von ihren Gebrechen oder den Nöten des Alters erlöse, da ich mit hundertprozentiger Gewißheit keinen anderen Weg sehe. Erst dann finde ich die Kraft zu handeln.

Alle Kreatur lebt dem Tod entgegen. Deshalb überrascht mich immer wieder, wie viele Katzenbesitzer nie an das Ende ihres Lieblings denken noch sich darauf einrichten. Dieselben Leute befassen sich auch nicht mit dem Gedanken, was nach ihrem eigenen Tod oder dem eines Familienangehörigen geschehen soll.

Einige praktische Hinweise sind rasch aufgezählt: So beseitigt der Tierarzt, wenn er eine Katze einschläfert, auch den Kadaver, falls der Besitzer nicht für ein Begräbnis sorgt. Stirbt die Katze zu Hause, muß der Besitzer diese Verantwortung übernehmen. Ein Tierfriedhof, so vorhanden, ist eine gute Lösung und sollte beizeiten ausgekundschaftet werden, bevor der schmerzliche Ernstfall eintritt.

Wer auf dem Lande wohnt, hat es natürlich einfacher als die Städter: Er wählt auf seinem Grundstück ein schönes Plätzchen für seinen verstorbenen Liebling und gräbt ein Loch. Aber bitte graben Sie tief, damit nicht zufällig ein Tier die Leiche wieder ausscharrt. Als Sarg empfehle ich eine Pappschachtel, nichts Aufwendigeres, da ich es mit der Bibel halte: »Es ist alles von Staub gemacht und wird wieder zu Staub.«

Städter lassen sich oft nicht abschrecken, ihre Katze – allen Schwierigkeiten zum Trotz – gebührend zu bestatten nach einem selbsterfundenen Zeremoniell.

Ein solches Zeremoniell brachte mir im Zweiten

Weltkrieg einen Anruf des FBI ein. »Spreche ich mit Herrn Dr. Louis J. Camuti, Tierarzt?« fragte der Beamte.

»Ja, gewiß.«

»Kennen Sie einen Herrn Oskar Braun?«

»Ja.«

»Kennen Sie ihn näher?«

»Nein. Er betreibt hier in Mount Vernon ein kleines Geschäft. Der Mann wirkt recht nett, doch sein miserables Englisch – er ist Deutscher – macht ein Gespräch unmöglich. So haben wir beide jeweils bloß Höflichkeitsfloskeln ausgetauscht.«

Der FBI-Beamte gab sich damit keineswegs zufrieden. »Was wissen Sie über ihn?« fragte er weiter.

»Nicht viel. Vor ein paar Tagen brachte er eine Katze in meine Praxis. Das Tier war unheilbar krank, darum kamen wir überein, es einzuschläfern. Mr. Braun bat mich, die Katze kremieren zu lassen und die Asche ihm auszuhändigen. Das habe ich wunschgemäß erledigt, gestern hat er die Asche abgeholt. Mehr kann ich Ihnen nicht sagen.«

Der Beamte dankte und bestellte mich in sein Büro, um Mr. Braun zu identifizieren sowie den Inhalt eines Schächtelchens, das dieser bei seiner Verhaftung bei sich trug. Auf der Fahrt nach Manhattan versuchte ich mir Oskar Braun als gefährlichen, vom FBI beschatteten Spion vorzustellen. Es ging nicht. Das dürre, glatzköpfige Männchen mit der Metallbrille paßte bloß in seinen Laden, wo es Wurst aufschnitt oder Zigaretten verkaufte.

Natürlich war ich im Recht. Ich erkannte sofort das Schächtelchen, das er bei der Verhaftung bei sich getragen hatte. Mr. Braun erzählte mir die Geschichte, die er schon mehrmals den FBI-Beamten geboten hatte, doch dieses Mal glaubten sie ihm.

Mr. Braun konnte nie vergessen, wie sein Einwanderungsschiff in den New Yorker Hafen eingefahren war und der erste Blick auf den Hudson ihn zutiefst erschüttert hatte. Dort, an der schönsten ihm bekannten Stelle, wollte er seinen toten Liebling bestatten. So fuhr er mit einem Bus in Richtung George-Washington-Brücke und legte den Rest des Weges mit dem Päckchen in der Hand zu Fuß zurück, um die Asche von der Mitte der Brücke auf das Wasser zu streuen, damit der Wind sie nicht auf ein Ufer blase.

Zu seinem Unglück rief ein Passant die Polizei: Auf der Brücke führe sich ein Mann mit einem Schächtelchen ganz sonderbar auf. Mr. Braun wurde festgenommen, als er sich eben leise von seinem Liebling verabschiedet hatte und das Päckchen öffnen wollte.

Durch den Schmerz über seine tote Katze verstört, zudem eingeschüchtert von seiner Verhaftung, radebrechte der Ärmste ein völlig unverständliches Englisch, weshalb die Polizei den verdächtigen Mann dem FBI übergab. Dort prüfte man, ob er als deutscher Spion beabsichtigt hatte, die Brücke in die Luft zu sprengen oder Gift in den Hudson zu werfen.

Bei meiner Ankunft hatte sich der verwirrte Mr. Braun soweit gefaßt, daß er seine Erklärung deutlich formulieren konnte. Zuletzt mußte ich vor den FBI-Beamten noch den Inhalt des Schächtelchens identifizieren. Ich glaube, Mr. Brauns Katze, im Leben ein sehr sanftes Geschöpf, würde sich köstlich amüsieren, wenn sie wüßte, daß der Bundes-Fahndungsdienst ihre Asche als Anschlag auf die nationale Sicherheit einstufte.

Seit jeher haben Katzenfreunde ihr Tier mit diesen oder jenen menschlichen Gefühlen ausgestattet, aber empfindet eine Katze auch so, wie wir vermuten? Wenn eine Katze stirbt, leidet der Besitzer unter dem Verlust seines Lieblings, doch leidet ein vierbeiniger Gefährte des toten Tiers auch? Die Wahrheit lautet: nein. Er vermißt seinen Hausgenossen nicht, denn Katzen sind ihrer Natur nach Einzelgänger.

Und dennoch: Wie Grünauge sich bei einer Katzenbestattung benommen hat, widerspricht allen meinen Ausführungen. Ich kann ihr Betragen nicht erklären, nur erzählen, was ich gehört habe.

Ein Klient von mir bat mich, seinen unheilbar kranken rauchfarbenen Kater einzuschläfern, die Leiche kremieren zu lassen und ihm die Asche wieder auszuhändigen, denn seine Tochter hätte die Bestattung liebevoll geplant: Sie wollte ihren Liebling im Garten der Großmutter beisetzen.

Am Begräbnistag versammelte sich die Familie auf der Terrasse, um zu beraten, wo das Grab geschaufelt werden sollte, als Grünauge, die höchst vornehme Katze der Großmutter, auftauchte. Mit einem kurzen Blick über die Schulter gab sie der Familie zu verstehen, man müsse ihr folgen, und sie führte den Trupp zu einem stillen Plätzchen in einer Ecke. Dort setzte sie sich hin und schaute aufmerksam zu, wie mein Klient ein tiefes Loch aushob und die Asche hineinversenkte. Nachdem er das Grab zugeschaufelt hatte, wandte er sich an die Katze: »Möchtest du ein paar Abschiedsworte sprechen?«

Damit versuchte der Vater die düstere Stimmung etwas aufzuheitern, doch zu aller Staunen fing Grünauge an zu reden. Dann stand sie ohne Umschweife auf und kehrte zum Haus zurück, und wieder versicherte sie sich mit Blicken, ob sich die Trauergemeinde auch anschloß.

Wenn Sie Ihre Katze lieben, ist das nur recht und billig, aber man kann alles übertreiben. Und die Dame, von der die Rede ist, übertrieb maßlos. Sie bat mich telefonisch, ich möchte wegen ihrer Katze vorbeikommen. Da ich mit der sonst sehr vernünftigen Klientin schon länger zu tun hatte, erkundigte ich mich nicht nach dem Anlaß, sondern stellte meinen Besuch in Aussicht. Als ich das Apartment betrat, verschlug es mir die Sprache. Mitten im Wohnzimmer war ein winziger weißer Kindersarg aufgebahrt, in ihm lag die tote Katze, umgeben von Blumen.

»Was soll das?« fragte ich die Dame.

»Sie waren doch der Arzt meines Lieblings, und ich dachte mir, Sie würden ihn gerne noch einmal sehen«, erklärte sie nüchtern.

Ich nahm schweigend Abschied von der Katze, allerdings rasch, da ich kaum erwarten konnte, die Wohnungstüre hinter mir zu schließen. Die Klientin wollte meinen Besuch bezahlen, doch ich lehnte ab.

Als die Dame mich hinausgeleitete, führte sie mich durch ein verdunkeltes Zimmer, das mir beim Hereinkommen nicht weiter aufgefallen war, denn der weiße Sarg hatte meine Blicke auf sich gezogen. Jetzt merkte ich, daß es ein Schlafzimmer war, und in dem schwachen Strahl der Nachmittagssonne, der durch die Vorhänge fiel, zeichneten sich die Umrisse einer im Bett liegenden Person ab. Sie wirkte sehr weiß und sehr still.

»Wer ist das?« fragte ich.

Wieder diese nüchterne Stimme. »Meine Mutter. Sie ist gestorben, aber ich hatte noch keine Zeit, mich um die Beerdigung zu kümmern.«

Ich traute meinen Ohren nicht. Da konnte diese Frau Sarg und Blumen für die Katze besorgen, aber für ihre Mutter hatte sie keine Zeit! Ich hätte diesem herzlosen Geschöpf mein Arztköfferchen um die Ohren schlagen mögen.

Stummeltom ist schon lange tot, aber ich sehe ihn noch vor mir, stolz wie ein Spanier einhermarschierend, sein Hinterteil mit dem Schwanzrestchen hin und her schwenkend – und ich lächle gerührt über meine Katze. Meine Katze, jawohl, obwohl sie nicht mir gehörte, genausowenig wie die Freiheitsstatue, sondern einem ganzen Regiment, und Stummeltom wiederum betrachtete jeden Mann in diesem Regiment als sein Eigentum.

Wegen seines stolzen Ganges hielten viele Leute Stummeltom für eine Manxkatze – das stimmte aber nicht, er war eine gewöhnliche braune Hauskatze, die in der Jugend ihren Schwanz verloren hatte. Wie das geschah, blieb ihr Geheimnis. Wir begegneten uns erst Anfang der Dreißiger Jahre, als ich in Mount Vernon mein Tierspital eröffnete.

Tom wohnte im Nachbarhaus bei einer netten, aber ungeheuer zimperlichen Dame, die sich vor allem graulte, was Tom von seinen Ausflügen über die damals noch vorhandenen Felder und Äcker heimbrachte. Da er die Gesellschaft von Menschen schätzte, besuchte er mich eines Tages im Tierspital, und ich zeigte ihm meine blitzblanke ungenutzte Einrichtung, da ich noch immer darauf wartete, von Klienten entdeckt zu werden. Nach dem Rundgang geruhte Tom freundlich, eine Portion gehacktes Rindfleisch zu fressen, um sich dann zu verabschieden.

Kurz darauf erschien seine Besitzerin in meiner Sprechstunde. »Was soll ich nur tun«, jammerte sie, »um meinem Tom abzugewöhnen, daß er Mäuse, Maulwürfe und Vögel nach Hause schleppt? Er legt sie mir direkt vor die Füße, Herr Dr. Camuti, und manchmal sind sie noch lebendig, huh!«

»Sie sollten sich geehrt fühlen«, sagte ich ihr. »Ich beglückwünsche Sie zu einer Katze, die ein so hervorragender Jäger ist.« Sie rümpfte die Nase, betupfte die Augen mit einem Spitzentaschentuch und entgegnete: »Ich vertrage das einfach nicht. Ich bin sehr nervös und rege mich schrecklich auf.«

Das ältere Fräulein hatte gemerkt, wieviel ich von Tom hielt, darum rief es mich eine Woche später an. »Nehmen Sie die Katze, ja? Sie können Sie sofort haben. Ich bin völlig am Ende.« Die Stimme überschlug sich hysterisch.

»Was ist denn passiert?«

»Wissen Sie, wo Tom ist?« kreischte es aus dem Hörer. »Draußen sitzt er vor der Türe mit einer Schlange im Maul, und die zappelt noch. Sie müssen ihn augenblicklich abholen, Herr Dr. Camuti, ich will die Katze loswerden mit allen Mitteln, sonst werde ich wahnsinnig!«

Ich sauste zur Nachbarin, und wahrhaftig, da saß Tom, wie sie es beschrieben hatte. Die Schlange entpuppte sich als harmlose Eidechse, die Tom mir zu Füßen legte. Ich streichelte ihm anerkennend den Kopf, und die Eidechse schoß durch das Gras davon.

Ich nahm ihn mit rüber ins Tierspital, und Tom spürte sogleich, daß dies sein neues Heim war, an seine alte Bleibe verschwendete er keinen Gedanken. Ich erklärte ihm nun, daß er nicht für immer bei mir bleiben könnte. »Das Spital muß alle möglichen Tiere aufnehmen, da stört eine Hauskatze. Aber ich werde dir eine gute neue Heimat finden, da kannst du Gift drauf nehmen.« Stummeltom schwieg, strich um mein Hosenbein und schnurrte.

Ich hatte gedacht, eine solche Charakterkatze

würde ich im Handumdrehen los. Weit gefehlt. Die Leute hörten wohl interessiert zu, wenn ich Toms umgängliches Wesen schilderte, doch sobald ich seine Jagdtugenden pries, lehnten alle ab bis auf ein oder zwei, die aber ein Augenschein nicht zur Aufnahme meines Supertoms begeisterte.

Endlich fiel mir die ideale Lösung ein: das White Plains Arsenal in South Broadway, wo ich als Reserveoffizier diente. Die vielen Leute, die weiten Felder – das war doch das Richtige für Stummeltom.

Der Kater fühlte sich unter den Soldaten so wohl wie ein Fisch im Wasser, und die Männer vergötterten ihn alle. Ein Sergeant hing ihm an einem Halsband einen Orden um, und mit dieser Auszeichnung marschierte Tom noch stolzer über den Hof. Am meisten Spaß machte Stummeltom die vierzehntägige Übung, die jeden Sommer im Camp Smith bei Peekshill abgehalten wurde. Als Angehöriger des 102. Sanitätsregiments zog der Kater natürlich mit hinaus. Da ich auch für die Verpflegung der Truppe zuständig war, steckten sämtliche Sergeanten der dreizehn Küchenzüge meinem Tom die zartesten Bissen zu. Doch er blieb der Unbestechliche: Mit in die Luft gereckter Nase marschierte er von dannen.

Stummeltom beaufsichtigte das ganze Camp, aber immer wieder tauchte er in meiner Kompanie auf, um mir schnurrend um die Beine zu streichen als Zeichen seiner Zuneigung. Nur in meinem Offizierszelt übernachtete er nie, er schlief – ein geborener Diplomat – bei der Mannschaft.

Nach der Rückkehr aus dem Camp jagte Tom wie gewohnt auf den Feldern, doch er behielt das Arsenal stets im Blick, und sobald er sah, daß die Mannschaft sich sammelte, hetzte er herbei. So ging es über viele Jahre. Als er einmal von einem seiner Patrouillengänge zurücksauste, wurde er von einem Auto überfahren, unmittelbar vor dem Arsenal.

Stummeltom wurde allgemein betrauert. An seiner Beerdigung, die selbstverständlich mit allen militärischen Ehren vonstatten ging, nahm das Regiment vollzählig teil. Man legte den Kater in einen kleinen Sarg und begrub ihn im Hof des Arsenals, während eine Gewehrsalve abgefeuert und der Zapfenstreich intoniert wurde. Den Soldaten in Hab-acht-Stellung glitzerten im Sonnenschein Tränen auf dem Gesicht, und auch ich weinte um Stummeltom.

Heute steht ein Gedenkstein auf dem Katzengrab im Arsenalhof. Wenn ich dort vorbeifahre, steige ich gern aus, besuche das Grab und erinnere mich an Stummeltom.

Ich habe dann wieder den Klang im Ohr, mit dem sein Orden gegen das Halsband schabte, wenn er mit hochgerecktem Schwanzstummel einhermarschierte – im Gleichschritt, wie denn sonst. Tom war eine großartige Katze und ein guter Soldat.

Zum Schluss

Jetzt erwarten Sie wohl von mir *die* Katzenstory – sollen denn nur Hundefreunde von den Ruhmestaten ihres Vierbeiners schwärmen? Lassen Sie mich die Wahrheit gestehen, es gibt sie nicht, *die* Katzenstory. Hat eine Katze je in den Alpen verirrte Wanderer gestärkt, indem sie ihnen in einem am Halsband befestigten Fäßchen Kognak brachte? Ist eine Katze schon in einen reißenden Fluß gesprungen, um ihr Herrchen ans Ufer zu ziehen? Oder in ein brennendes Haus gestürzt und hat die Kinder gerettet? Nein und abermals nein.

Eine Katze hängt nicht weniger an denen, die ihr Liebe zuwenden, als ein Hund – nur anders. Auf Verlangen zeigt ein Hund seine Liebe voll Überschwang, während ein weiser Katzenbesitzer Liebe herschenkt und sich mit unauffälligen Gegengaben zufriedengibt. Wenn eine Katze beschließt, mir die Hand zu lecken, ist das ein Zeichen, daß sie mich aufrichtig mag. Bei einem Hund weiß man das nicht. Vielleicht leckt er meine ausgestreckte Hand, weil er zu dieser Schmeichelei dressiert wurde oder weil er um zärtliches Streicheln bittet oder an meinen Fingern das eben verspeiste, mit Braten belegte Sandwich erschnuppert. Bei einer Katze besteht da kein Zweifel: Sie mag mich eben – es muß nicht unbedingt von Liebe die Rede sein – in diesem Augenblick.

Für mich ist jeder Hund ein Schatz, besonders Dakkel, doch Katzen achte ich mehr – ich vertraue ihnen. Nach meiner Ansicht haben gerade die Eigenschaften, die ich so bewundere, den Katzen in der Vergangenheit viel Unglück gebracht. Ihre undurchdringliche Würde, das sie wie eine Hülle umgebende Schweigen, der Blick, der nichts verrät, weckt beim Menschen leicht ein Gefühl der Unterlegenheit. Kein Wunder, daß die sonderbarsten Verbindungen zwischen Katzen, dem Teufel und allem Hexenwerk geknüpft wurden.

Doch Katzen lassen sich nicht unterkriegen, sie haben sich von den alten Ägyptern bis heute behauptet und werden auch in Zukunft überleben. Wer Katzen haßt oder fürchtet, besitzt zu wenig Selbstvertrauen. Da dies niemand zugeben will, ist er in seinem Unbewußten eifersüchtig auf eine Katze, die so unbekümmert um die Meinung anderer ihrer Beschäftigung nachgeht. Die Katze führt ihr ureigenes Leben: Unbeeinflußt von den Wünschen und Erwartungshaltungen ihrer Umwelt, gewährt sie ihre Zuneigung, wem ihr gut scheint, und empfängt Liebe, wann und von wem ihr gut scheint. Wenn ich mein ganzes Leben lang nur nachgeben und von Leuten, die ich nicht respektiere, alles einstecken müßte, würde ich wohl auch jede Katze treten, weil sie mir ein Dasein vor Augen führt, zu dem mir der Mut fehlt.

Natürlich bin ich vielen Katzenbesitzern begegnet, die mehr oder minder verrückt waren, aber trotz ihrer Extravaganzen müssen sie tief drinnen mit sich im reinen gewesen sein; das verrät mir ihr Haustier: die

Katze. Wenn diese Leute auf liebevolle Begrüßungsstürme angewiesen wären, sobald sie zur Türe hineinkommen, hätten sie ein anderes Haustier gewählt, denn Katzen passen nur zu unabhängigen Menschen.

Schaue ich auf die vielen Jahrzehnte meines Lebens zurück, in denen ich kranke Katzen behandelte, so erfüllt mich tiefe Befriedigung. Für meine Hilfe habe ich zwar wenig Zuneigung von meinen Patienten erfahren, doch die Katzen wußten, worum es mir ging. Sie sind zu gescheit, um das zu verkennen – sie wollten es diesem bärbeißigen Doktor nur nicht zeigen, ich verstehe das.

Wie oft habe ich auf eine unerwartete freundliche Geste nicht geantwortet – später hätte ich mich deswegen in den Hintern treten können. Vielleicht reut es auch ein paar Katzen, daß sie Camuti angeknurrt und angefaucht haben, als er ihnen helfen wollte. Schön wär's.

Aber wichtig ist es nicht, denn solange Gott will, werden Alex und ich am späten Nachmittag zu unserer Patiententour aufbrechen. Und es könnte ja sein, daß ich eines Tages eine Türe öffne, und die Katze sitzt mitten im Zimmer und schaut mich an – sie hat auf mich gewartet.

Das wäre *die* Katzenstory. Oder nicht?